HYBRIDES, HYBRIDITÉ

ET HYBRIDATION

CONSIDÉRÉS PRINCIPALEMENT

DANS LE RÈGNE ANIMAL

ACADÉMIE DES SCIENCES, BELLES-LETTRES ET ARTS
DE LYON

HYBRIDES, HYBRIDITÉ ET HYBRIDATION

CONSIDÉRÉS PRINCIPALEMENT

DANS LE RÈGNE ANIMAL

PAR

F.-X. LESBRE

Directeur de l'École Nationale Vétérinaire de Lyon,
Correspondant de l'Académie de Médecine et de l'Académie d'Agriculture.

Extrait des *Mémoires*, t. XVII.

LYON
A. REY, IMPRIMEUR DE L'ACADÉMIE
4, RUE GENTIL, 4

1921

HYBRIDES, HYBRIDITÉ
ET HYBRIDATION
CONSIDÉRÉS PRINCIPALEMENT
DANS LE RÈGNE ANIMAL

DÉFINITIONS ET CONSIDÉRATIONS PRÉLIMINAIRES

On désigne sous le nom d'*hybrides* (de ὕβρις, viol, outrage) des individus, animaux ou végétaux, qui proviennent d'un croisement de deux espèces différentes; sous le nom d'*hybridité*, la condition ou qualité des hybrides ; et sous celui d'*hybridation*, leur production.

Il ne faut pas confondre, comme on le fait souvent en phytotechnie, les hybrides et les métis : ceux-ci sont le produit de croisement de races ou variétés de la même espèce, ceux-là sont issus d'espèces différentes.

Le croisement d'espèces en vue d'obtenir des individus intermédiaires est généralement réalisé par voie sexuelle, mais on peut aussi l'obtenir, à titre exceptionnel, chez les végétaux, par le greffage. Porte-greffe et greffon sont en effet dans un état de symbiose qui leur permet parfois un échange de propriétés. Dans une lecture antérieure que j'ai eu l'honneur de faire devant l'Académie, sur la télégonie, j'ai cité un certain nombre de faits à l'appui de cette hybridité asexuelle, lesquels s'ajoutent à d'autres rapportés notamment par Daniel et Armand Gautier. Je n'y reviendrai pas[1].

La question de l'hybridité est liée à celle de l'espèce, qui domine l'histoire naturelle et touche au mystère des origines. « Ce mot espèce, a dit Isidore-Geoffroy Saint-Hilaire, est à la fois le premier et le dernier de cette science; le jour où nous en serions complètement maîtres, nous serions bien près de le devenir de la science entière. »

Deux critériums ont été assignés à l'espèce : un critérium morphologique ou de ressemblance, et un critérium physiologique ou de génération. Ni l'un ni l'autre, ni tous les deux ensemble ne suffisent à la définir sûrement, attendu que, d'une part, il est des individus d'une même espèce mais de variétés, races ou sexes différents, qui sont plus dissemblables que d'autres individus appartenant à des espèces diverses, et que, d'autre part, la fécondité entre individus d'une même espèce et l'infécondité entre individus d'espèces différentes n'ont rien d'absolu et comportent des transitions. Aussi divers auteurs en sont-ils arrivés à considérer les espèces comme de pures fictions, des créations de notre esprit n'ayant pas plus de réalité que les genres, familles, ordres, classes et toutes autres divisions de nos classifications zoologiques ou phytologiques, essentielle-

[1] Voy. F.-X. Lesbre, Contribution à l'étude de la télégonie (*Annales de la Soc. d'Agric. de Lyon*, 1917). — Daniel, *Quelques applications pratiques de greffe herbacée*, Paris, 1894; id., Influence du sujet sur la greffe et réciproquement (*Congrès horticole*, 1898). — Armand Gautier, Sur le principe de la coalescence des plasmas vivants et l'origine des races et des espèces (*IVe Conférence internationale de génétique*, Paris, 1911).

ment variables, comme chacun sait, suivant les époques et les auteurs.

Cependant, quand on voit se perpétuer par la reproduction les mêmes animaux et les mêmes végétaux depuis des milliers d'années, sans aucun mélange ni formation d'espèces intermédiaires, il semble bien, comme l'a dit Cuvier, que les espèces aient une réalité objective et que ce soient les unités réelles et tangibles du monde organisé. Leur caractéristique est précisément d'être indépendantes et de ne pas se mélanger génésiquement, du moins dans l'ordre normal de la nature.

Tout semble prévu pour assurer leur isolation. C'est ainsi que, dans les animaux qui se reproduisent par voie d'accouplement sexuel, il existe entre mâles et femelles d'espèces différentes une telle indifférence, voire même une telle antipathie qu'il faut user de ruse et d'artifice pour leur faire contracter une union ; aussi a-t-on pu dire des mulets que ce ne sont pas des êtres naturels, mais « un produit de l'art, une sorte de monstruosité ». Cette répugnance instinctive qui, sauf aberration, prévient les unions adultérines est une sorte de critérium éthologique, moins faillible que les deux autres. Ainsi que l'a écrit notre grand naturaliste Buffon, « *c'est par le naturel des animaux qu'on doit juger de leur nature ; et si l'on supposait deux animaux en tout semblables pour la forme, mais tout différents pour le naturel, ces deux animaux qui ne voudraient pas se joindre et qui ne pourraient produire ensemble seraient, quoique semblables, de deux espèces différentes.* »

S'il nous était permis, après tant d'illustres naturalistes, de donner à notre tour une définition générale de l'espèce, nous dirions que *c'est un ensemble d'individus plus ou moins semblables qui se reproduisent entre eux sans jamais se mélanger à ceux des autres espèces, si ce n'est par accident, aberration d'instinct ou intervention de l'homme.*

Panmixie d'un côté, *amixie* de l'autre, voilà la véritable barrière spécifique, barrière fragile il est vrai, mais réelle : les races ou variétés d'une même espèce se mélangent naturellement, les espèces ne se mélangent pas, à moins qu'il n'y ait viol de la nature. Si ces dernières étaient susceptibles de mélange, elles se seraient confondues inextricablement et il n'y aurait plus aujourd'hui à distinguer dans la nature vivante que des individus. Or, ce n'est pas ce que l'on observe ; chaque espèce forme un ensemble continu séparé des autres par des discontinuités, et telles sont les espèces aujourd'hui, telles elles étaient, à peu de chose près, à la fin des temps pléistocènes. Rien ne témoigne mieux de leur réalité objective que cette pérennité archimillénaire.

Nous ne prétendons pas toutefois qu'elles soient immuables, leur malléabilité est assez prouvée par les animaux domestiques et les plantes cultivées. Si elles n'ont guère changé à l'époque géologique actuelle, cela tient sans doute à l'état d'équilibre relatif auquel est parvenu notre cosmos ; mais tout porte à croire qu'aux époques précédentes elles ont évolué corrélativement avec le monde inorganique ; les enchaînements des formes et structures qui se sont succédé imposent à l'esprit l'idée d'une filiation. Aussi le grand paléontologiste Gaudry, qui les a si bien mis en relief, définissait-il l'espèce : « *l'assemblage des individus qui ne sont pas encore assez différenciés pour cesser de donner ensemble des produits féconds*[1]. »

Et cette conception, très scientifique, de l'évolution du monde organique au cours des âges qui ont précédé le nôtre, n'a rien qui puisse choquer les croyances et convictions

[1] Albert Gaudry, *les Enchaînements du monde animal*. — Id., *Essai de paléontologie philosophique*.

religieuses de qui que ce soit, car la science et la religion, bien comprises, ne sont pas incompatibles, au contraire.

« J'ai peine à croire, écrivait d'Omalius d'Halloy, que l'Être tout-puissant que je considère comme l'auteur de la nature ait, à diverses reprises, fait périr tous les êtres vivants pour se donner le plaisir d'en créer de nouveaux qui, sur les mêmes plans généraux, présentent des différences successives tendant à arriver aux formes actuelles. »

L'idée d'une évolution des espèces, comparable à celle qu'éprouvent les individus depuis la cellule-œuf jusqu'à l'âge adulte, apparaît à la réflexion autrement grandiose et divine que celle des créations successives. Ce n'est d'ailleurs plus une hypothèse, c'est une doctrine à laquelle tous les naturalistes modernes se sont ralliés. Ils pensent que les espèces actuelles sont descendues d'espèces primitives synthétiques qui se sont divisées et subdivisées, soit par transformations lentes et insensibles, comme le croyaient Lamarck et Darwin, soit plutôt par variations brusques et répétées, c'est-à-dire par mutations [1]. Les souches de ces rameaux phylétiques sont tombées en poussière ou en débris fossiles, ainsi que certaines ramifications ultimes, tandis que les autres ramifications ont persisté jusqu'à nos jours. Et, parmi ces dernières, il en est qui paraissent avoir épuisé leurs facultés évolutives et être des représentants attardés d'un autre âge (Camélidés, Proboscidiens), tandis que d'autres sont encore en pleine sève et susceptibles de réagir aux conditions ambiantes, comme en témoignent les animaux domestiques et les plantes cultivées. Plus une espèce est spécialisée, moins elle est capable d'évolution ultérieure. Si les espèces vivant dans l'état de nature n'ont guère changé depuis les temps pléistocènes, cela tient sans doute à ce que

[1] Voir Cuénot, *la Genèse des espèces animales*.

le milieu est resté le même. D'ailleurs, les places étant prises, de nouvelles espèces auraient eu peu de chances de triompher dans la lutte contre les préexistantes.

Parmi les espèces actuelles, il en est de fort peu différentes, qui paraissent résulter chacune de la dislocation d'une espèce antérieure; on dirait des bouquets de ramilles à l'extrémité des rameaux phylétiques. Ce sont des espèces mineures ou élémentaires, espèces jordaniennes des botanistes. Le moindre caractère, s'il se transmet fidèlement par la génération, suffit à les caractériser. Beaucoup d'espèces linnéennes ne sont que des agrégats de ces petites espèces.

Entre celles-ci et les simples variétés ou races d'une même espèce, la distinction n'est pas toujours facile ; cependant, conformément à la règle posée ci-dessus, les véritables espèces, si peu importante qu'en soit la caractéristique, se perpétuent telles quelles sans mélange, tandis que les variétés ou races sont susceptibles de se mêler génésiquement en un tout continu; souvent, en outre, ces dernières restent groupées autour d'une forme persistante dont elles proviennent, et il est à remarquer que leurs caractères se répètent dans les espèces les plus diverses.

Ainsi donc, toutes les espèces, même les plus infimes, sont caractérisées par leur amixie naturelle; elles ne se rattachent les unes aux autres que dans le passé par leur communauté d'origine. Ce sont, répétons-le, les ramifications ultimes d'arbres généalogiques dont les branches et le tronc sont morts et tombés en poussière ou en débris fossiles, ramifications sans anastomoses.

Cette amixie, toutefois, n'est pas absolue ; il peut arriver, par accident, dépravation ou intervention de l'homme, que deux espèces se croisent ensemble et engendrent des hybrides, mais elles n'en restent pas moins distinctes, car ceux-ci ne font pas souche d'une espèce intermédiaire, ils sont stériles ou d'une fécondité bornée et, dans ce dernier cas, leurs descendants font retour à l'une ou à l'autre des souches originelles. « Mélange imparfait de deux natures diverses, a dit Flourens, ils tendent sans cesse à se démêler et à revenir à une nature propre et exclusive. »

La barrière qui sépare les espèces, en les préservant des mélanges, est donc une barrière fragile, que ne respectent pas toujours les animaux en état de captivité ou de domesticité. Il s'ensuit que les limites spécifiques, en ce qui concerne ces derniers, sont particulièrement difficiles à préciser. C'est ainsi qu'on discute encore à savoir si tous les chiens ou tous les hommes forment une seule ou plusieurs espèces. Nous sommes porté à croire, quant à nous, que les races humaines, de même que les races canines, se groupent autour de quelques races primordiales qui ont la valeur de véritables espèces, espèces mineures, si l'on veut, mais qui ne se seraient peut-être pas mélangées si les chiens ou les hommes étaient restés dans l'état de nature. N'est-ce pas par aberration d'instinct ou dépravation de mœurs qu'un homme blanc contracte une union sexuelle avec une négresse, ou inversement, un nègre avec une femme blanche? Remarquons d'ailleurs que ces unions sont peu fécondes et n'ont pas suffi à combler les intervalles des types primitifs, qui persistent tels quels à travers les âges. Rien ne prouve non plus que certaines formes canines, qui se perpétuent depuis les temps assyriens ou pharaoniques, se mélangent naturellement et donnent des produits parfaitement féconds.

Nous ne voulons pas rouvrir ici le débat du monogénisme et du polygénisme qui a tant passionné les naturalistes et les théologiens du siècle dernier. Les découvertes paléontologiques modernes qui ont exhumé le pithécanthrope, les hommes de Heidelberg, Néanderthal, la Chapelle-aux-Saints, etc.[1], mettraient aujourd'hui d'accord les deux leaders de ce grand débat : de Quatrefages et P. Broca. En effet, d'une part l'unité de l'espèce humaine dans le temps n'est plus soutenable; d'autre part, la doctrine de l'évolution conduit nécessairement à adopter pour les diverses espèces constituant le genre humain une souche commune perdue dans la profondeur des âges géologiques.

Mais revenons à notre sujet. L'hybridité, disons-nous, doit être considérée comme un viol, un outrage à la nature, par conséquent comme un accident qui n'a pas plus d'importance que toute autre anomalie dans l'économie générale du monde organisé.

Telle n'a pas toujours été l'opinion des naturalistes. Il fut un temps où aucune limite n'était assignée à cette possibilité de croisement. C'est ainsi que l'on considérait la marmotte comme le produit du blaireau et du singe, le tatou comme le produit du singe et de la tortue, la girafe *(camelopardus)* comme celui du chameau et de la panthère, etc., etc. On ne doutait pas de la fertilité de l'accouplement du renard et du lièvre, du chien et du singe, du chien et du sanglier, du chien et de la brebis, du cheval et du cerf, de la loutre et de la brebis, du chameau et du sanglier, du cheval et du bœuf, de l'âne et du bœuf, de l'homme et de divers animaux, etc. Réaumur, célèbre naturaliste du XVIIIe siècle, fait le récit des étranges amours d'une poule et d'un lapin et se demande sérieusement s'il doit en résulter des poulets vêtus de poils ou des lapins couverts de plumes!...

« Qui sait, dit Buffon, tout ce qui se passe en amour au fond des bois, qui peut nombrer les jouissances illégitimes entre espèces différentes, qui pourra jamais séparer toutes les branches bâtardes des tiges légitimes, assigner le temps

[1] Voir Marcellin Boule, *les Hommes fossiles : Éléments de paléontologie humaine*, 1921.

de leur première origine, déterminer en un mot tous les effets des puissances de la nature pour la multiplication, toutes ses ressources dans le besoin, tous les suppléments qui en résultent et qu'elle sait employer pour augmenter le nombre des espèces ou multiplier les intervalles qui les séparent ! »...

Bonnet, de Genève, émet aussi l'idée que, dans le principe, les espèces, beaucoup moins nombreuses qu'aujourd'hui, se sont multipliées par leurs conjonctions.

C'est également l'opinion de Linné qui, dans sa nomenclature, qualifie d'hybrides nombre d'espèces pour la seule raison qu'elles offrent des caractères mixtes. Sa foi dans l'hybridation est pour ainsi dire sans bornes puisqu'il admet le croisement fructueux de deux plantes aussi différentes que *actea spicata* et *rhus toxicodendrum !...*

Balthazar Sprenger, un de ses contemporains, renchérissant encore, parle du produit d'un croisement entre une espèce de pin *(pinus strobus)* et l'épinard comestible *(spinacia oleracea)!* « Quand, dit-il, la nature agit seule, sous l'œil de Dieu, de nouvelles espèces naissent de l'union d'êtres d'espèces différentes. C'est ainsi que l'on voit apparaître de nouvelles plantes lorsque le vent dirigé par la divine Providence transporte le pollen prolifique d'une plante dans le pistil d'une autre plante. »

Dans un discours sur « les effets de l'art de l'homme sur les poissons » *(Histoire Naturelle*, de Buffon), Lacépède s'exprime ainsi : « D'un côté on peut voir, dans les temps très anciens, tous les animaux n'existant encore que dans quelques espèces primitives, qui, par des moyens analogues à ceux que l'art de l'homme peut employer, ont produit, par la force de la nature, des espèces secondaires, lesquelles par elles-mêmes ou par leur union avec les primitives ont fait naître des espèces tertiaires. Chaque degré de cet accroissement successif offrant un plus grand nombre d'objets que le degré précédent les a montrés séparés les uns des autres par des caractères moins sensibles; et c'est ainsi que les produits animés de la création sont parvenus à cette multitude innombrable et à cette admirable variété qui étonnent et enchantent l'observateur. »

Il est vrai que les espèces se sont multipliées dans le cours des âges comme se multiplient les rameaux d'arbres en développement, mais ce n'est pas par leurs mélanges : branches et rameaux se divisent et subdivisent, mais ne s'anastomosent pas. Jusqu'à notre époque, il s'est trouvé cependant des auteurs pour le soutenir. C'est ainsi que, dans son célèbre mémoire publié en 1858-1860, Broca écrit que « les hybrides les plus parfaits possèdent une organisation aussi complète que celle des animaux d'espèce pure et qu'ils sont capables comme eux de prendre racine dans le présent et dans l'avenir, de subsister sans secours étranger et de perpétuer leur race[1]. »

Cependant, Suchetet, dans son livre sur les hybrides, publié en 1896, déclare que, parmi les nombreux cas d'hybridité qu'il a colligés chez les oiseaux, il en a cherché en vain un seul qui ait donné lieu à un type nouveau et durable ; et nous n'avons pas été plus heureux en ce qui concerne les mammifères. Flourens proclame ce fait comme « le plus grand de l'histoire naturelle », mais il exagère quand il le présente comme témoignant de la fixité des espèces et de leur permanence ; on n'en peut tirer aucun argument de valeur générale ni pour ni contre le transformisme; les espèces ont pu évoluer sans se mélanger. Tout ce que l'on peut dire c'est qu'à notre époque elles paraissent avoir acquis une certaine stabilité.

[1] Paul Broca, Mémoire sur l'hybridité en général, sur la distinction des espèces animales et sur les métis obtenus par le croisement du lièvre et du lapin (*Journal de la physiologie de l'homme et des animaux*, 1858-60).

Parmi les causes qui favorisent l'hybridation dans le règne animal, il n'en est pas de plus efficientes que l'état de captivité ou de domesticité. Ainsi que l'a dit Buffon, cet état rend souvent les animaux « plus libertins, plus chauds et moins fidèles à leur espèce. » Il en est qui sont plus ou moins complètement stérilisés, tels l'éléphant et nombre d'oiseaux élevés en cage; d'autres, au contraire, qui sont plus prolifiques que leurs congénères de l'état sauvage, grâce à l'abondance et à la qualité de leur alimentation. Les premiers sont dits apprivoisés, les autres sont les vrais animaux domestiques.

Après ces considérations très générales tendant à définir l'espèce et à montrer le caractère exceptionnel et en quelque sorte contre nature de l'hybridité, nous allons envisager successivement les espèces animales susceptibles de s'accoupler, mais toujours infructueusement, celles dont l'union est d'une fertilité exceptionnelle ou douteuse, enfin celles qui peuvent s'hybrider. Nous étudierons ensuite les causes de l'amixie naturelle des espèces, les degrés divers de fertilité des croisements d'espèces et des produits de ces croisements, les caractères sexuels et la résistance vitale des hybrides. Puis nous chercherons à démêler le mode de répartition des caractères paternels et maternels, en comparant sous ce rapport les hybrides aux métis et aux individus de race pure.

HYBRIDES FABULEUX, DOUTEUX OU RÉELS

En principe, la fécondité diminue progressivement et s'éteint soit par excès d'homogénéité, soit par excès d'hétérogénéité. C'est ainsi que la consanguinité aboutit au même résultat que l'hybridité. Ce fait, bien connu des zootechnistes, impose l'obligation de « rafraîchir le sang » de temps en temps par l'intervention d'un géniteur d'une autre famille[1]. On sait aussi que, chez les végétaux, l'autofécondation est souvent une cause de stérilité ou de dégénérescence ; Darwin en a donné de nombreux exemples. D'une manière générale donc, le croisement est favorable à la fertilité et à la résistance vitale, à la condition, toutefois, que les individus croisés n'aient pas perdu leur affinité de nature. L'hétérogénéité stérilisante peut commencer dans l'espèce même, mais elle est surtout manifeste entre espèces différentes. Flourens posait en principe que : les individus d'une même espèce donnent des produits indéfiniment féconds ; ceux d'espèces différentes, mais de même genre, des produits de fécondité limitée ; ceux de genres différents, mais de même famille, des produits stériles ; enfin ceux appartenant à des groupes supérieurs au genre, pas de produit du tout. Cette règle comporte de nombreuses exceptions ; il n'y a pas toujours corrélation entre la facilité ou la fertilité de croisement des espèces et la place qu'occupent celles-ci dans nos classifications ; les affinités physiologiques paraissent être d'ordre chimique autant que morphologique. Par exemple, on n'a jamais pu obtenir d'accouplement entre les deux papillons *attacus pyri* et *attacus Pernyi*, très voisins, tandis que des formes beaucoup plus éloignées comme *antherea roylei* et *antherea Pernyi* donnent des hybrides. De même, le buffle s'accouple sans trop de difficulté avec le zébu, tandis qu'on ne le voit jamais rechercher la vache, alors même qu'ils fréquentent les mêmes pâturages, et cependant il y a ordinairement entre le buffle et la femelle du zébu une telle disproportion de taille que, s'il arrive par hasard que l'accouplement soit fécond, la mère ne peut donner le jour au fœtus exagérément volumineux (Brehm).

[1] Voy. Ginieis, *Congrès intern. d'Agric.*, Gand, 1913.

On voit parfois le cheval ou le baudet saillir la vache, ou le taureau saillir la jument ou l'ânesse. Buffon en rapporte un exemple : en 1767, dans une ferme lui appartenant, un taureau s'enflamma pour une jument ; « ils prirent tant de passion l'un pour l'autre que, dans tous les temps où la jument était en chaleurs, le taureau ne manquait jamais de la couvrir trois ou quatre fois par jour dès qu'il se trouvait en liberté ; les accouplements réitérés nombre de fois pendant plusieurs années donnaient de grandes espérances d'en voir le produit ; cependant il n'en est jamais rien résulté. »

On a cru longtemps à la fertilité de ces unions, car on s'en était laissé imposer par certaines anomalies plus ou moins fréquentes chez les mulets et bardeaux, telles que rudiments de cornes sur le front, polydactylie, difformité des mâchoires, si bien que, à l'exception de Buffon, resté dans l'incertitude, les grands naturalistes du XVIIIe siècle, Bonnet, Spallanzani, Haller, croyaient aux *jumarts* comme Magon, Varon, Columelle et tous les auteurs de l'antiquité. Bourgelat lui-même, fondateur de l'enseignement vétérinaire, questionné à ce sujet par Bonnet, de Genève, répondit qu'il y croyait comme à sa propre existence *(sic)*. « J'en ai vu plusieurs, dit-il, dont quelques-uns m'ont été envoyés du haut Dauphiné par des élèves des écoles vétérinaires, et qui avaient pris naissance dans des fermes cultivées par leurs pères... J'en ai fait disséquer un sous mes yeux à l'Ecole Vétérinaire de Lyon. C'était une femelle âgée de trente-sept ans, très sobre, très forte, que l'on vit souvent traîner seule dans la ville de Lyon des tombereaux chargés de fumier. Elle n'avait ni le mugissement du taureau, ni le hennissement du cheval, ni le braiment de l'âne, mais elle faisait entendre un cri grêle, aigu, qui tenait de celui de la chèvre. Elle avait le mufle, la langue, la mâchoire supérieure, le dos, la croupe, la queue, de la même figure que le bœuf. Le reste, excepté les barres, les dents et quelques autres parties de la mâchoire, était conformé comme chez les juments. »

Dans un autre de ses écrits, il déclare avoir placé dans les montagnes du Beaujolais un étalon navarrin qui saillit une vache et que de cet accouplement provint un jumart qu'il vit naître (?) et qui vécut quatre mois. « Cet hybride avait, dit-il, plus d'analogie avec sa mère qu'avec son père; on voyait sur son front deux légères proéminences comme dans le veau naissant. »

Haller écrit, § 9, du chapitre IV de son livre sur la génération : « Les jumarts qui sont nés d'un taureau et d'une jument ont des dents à la mâchoire supérieure, ils ont le corps du cheval, le devant de la tête et les jambes du taureau. J'ai lu que ceux qui viennent du taureau et d'une ânesse n'ont point de cornes, mais des tubercules, ils ont la tête courte d'un veau et la hardiesse d'un mulet, et que ceux qui viennent d'un âne et d'une vache ont le pied fourchu et, quoiqu'ils n'aient point de cornes, néanmoins ils tiennent plus de leur mère. »

Un auteur napolitain du nom de Tupputi engagea dans le *Moniteur* des 5, 6, 8 et 10 août 1807, à propos des mulets en général et en particulier des jumarts, une véritable polémique avec Huzard, inspecteur général des Ecoles Vétérinaires, qui soutenait que les prétendus jumarts de Bourgelat n'étaient très vraisemblablement que des mulets ou des bardeaux mal conformés, comme il s'en rencontre assez souvent. Tupputi crut mettre le comble à sa démonstration en donnant deux figures d'un de ces hybrides dessinées d'après nature à l'Ecole d'Alfort en 1766 par Hauël. Or il est évident à première vue qu'il ne s'agissait là que d'un mulet difforme, brachygnathe de la mâchoire supérieure, et possédant une longue queue dépourvue de crins.

La question des jumarts est aujourd'hui définitivement

jugée dans le sens négatif[1], de même que celle de beaucoup d'autres hybrides non moins chimériques; mais il n'était pas sans intérêt de constater combien il est difficile, même aux hommes les plus éminents et les plus instruits, de s'affranchir des croyances populaires, surtout en ce qu'elles ont de merveilleux ou de surnaturel.

Un autre accouplement contre nature est celui du chien et du porc. « Rien, dit Buffon, ne paraît plus éloigné de l'aimable caractère du chien que le gros instinct brut du cochon, et la forme du corps dans ces animaux est aussi différente que leur naturel; cependant j'ai vu deux exemples d'un amour violent entre le chien et la truie. Un chien épagneul fit des efforts prodigieux et très réitérés pour se lier avec une truie, seule la disconvenance des organes de la génération l'empêcha d'y parvenir ».

De Quatrefages rapporte avoir été témoin de tentatives d'accouplement entre un chien et une chatte.

Dans les basses-cours on voit souvent les canards, surtout ceux de l'espèce musquée, livrer assaut aux poules, pintades et dindonnes; les coqs côcher les canes; tout cela sans résultat bien entendu. On peut même assister à des essais d'union entre chat et lapine, cobaye et lapine, voire même entre mammifères et oiseaux. Vers le milieu du XVIIIe siècle il fut beaucoup parlé dans Paris des amours d'un lapin et d'une poule; « l'inclination de ces deux animaux l'un pour l'autre, raconte l'abbé de Fontenu, est si forte que le lapin en use avec la poule comme il eût fait avec une lapine et que la poule lui permet tout ce qu'elle eût pu permettre à un coq ». Réaumur vérifia le fait et le rapporta en grands détails à l'Académie des Sciences; « si une poule était capable de honte, dit-il, et que la nôtre eût connu l'état dans

[1] Voy. Arm. Goubaux, Des Jumarts (*Nouv. Arch. d'obstétrique et de gynécologie*, 1889).

lequel les caresses du lapin la mettaient, elle n'eût osé se montrer à coq quelconque. »

Peu de temps après, un sieur Vallon, contrôleur de la maison du roi, remit au même naturaliste une autre poule et un autre lapin « qui étaient encore mieux ensemble que ceux dont il vient d'être parlé, moins réservés dans leurs amours ; on ne voyait presque jamais la poule fuir le lapin, souvent elle le cherchait et lui donnait des coups de bec qui ne pouvaient être pris que pour des agaceries ; celui-ci en usait avec elle d'une manière autrement rude, il lui arrachait les plumes et l'avait rendue presque nue ; je ne les laissais ensemble que quelques heures, et encore pas tous les jours, et il a été rare qu'ils les aient passées sans que le lapin ait exigé de la poule ce qu'en eût exigé le coq le plus ardent ; quelquefois les caresses les moins équivoques ont été répétées deux ou trois fois dans moins d'un quart d'heure. La poule fut remplacée par une autre qui, au bout d'environ deux mois, se laissa faire comme la première ; de quoi le temps ne vient-il pas à bout et comment ne s'apprivoiserait-on pas avec la seule compagne qu'on ait jour et nuit ? »

Réaumur ne se borna pas à ce rôle de témoin et narrateur, il mit en incubation des œufs pondus par ces poules adultères en se demandant, comme nous l'avons déjà dit, s'il allait en sortir des poulets vêtus de poils ou des lapins couverts de plumes[1].

En 1777, l'abbé Dicquemare annonça qu'un habitant du Havre disait avoir dans son jardin un pigeonneau monstrueux couvert de poils de lapin, en ayant aussi la chair et surtout les cuisses, et que ce pigeonneau était issu d'une pigeonne couverte par un lapin. En réalité, ce n'était, on peut

[1] Réaumur, *l'Art de faire éclore et d'élever en toute saison des oiseaux domestiques* ; chapitre intitulé : « Esquisse des amusements philosophiques que les oiseaux d'une basse-cour ont à offrir. »

l'affirmer aujourd'hui, qu'un pigeon à plumes soyeuses comme il s'en produit de temps en temps par mutation[1].

Broca, dans son mémoire sur l'hybridité, relate le cas d'un chien de moyenne taille qui avait pris pour maîtresse (ce sont ses propres expressions) une oie de Guinée à qui cette union excentrique ne déplaisait nullement.

Mon collègue et ami, M. Cadiot d'Alfort, a cité un petit chien de dix-huit mois jouant fréquemment dans une basse-cour, qui prit l'habitude de pratiquer le coït avec une poule, qui s'y prêtait très complaisamment.

Un savant naturaliste de Rouen, M. Henri Gadeau de Kerville, a signalé récemment un lapin qui, privé de lapine depuis plus de cinq mois, s'accouplait avec un coq de petite taille, l'enlaçant de ses pattes antérieures et éprouvant à un moment donné le frémissement particulier qui se produit dans l'accouplement normal de ce rongeur. M. de Kerville substitua à ce coq une poule de même taille ; le lapin essaya à diverses reprises de s'accoupler avec elle, mais n'y parvint pas[2].

En cherchant bien, on trouverait sans doute beaucoup d'autres observations du même genre. A. Goubaux en a fait l'objet d'un mémoire dans les *Archives d'obstétrique* de 1888. Celles que nous venons de rapporter suffisent à démontrer que l'état de captivité ou de domesticité expose les animaux à des aberrations d'instinct, des dépravations de mœurs que l'on n'observe guère chez ceux qui vivent dans les conditions naturelles. De tous les animaux domestiques le coq est peut-être celui qui y est le plus sujet. « Il semble,

[1] Abbé Dicquemare, Remarques sur la possibilité et le résultat de liaisons étranges entre des animaux très différents, à l'occasion d'un pigeon singulier. (*Journal de Physique de l'abbé Rozier*, **Paris, 1778**).

[2] Observations relatives à des mammifères s'accouplant avec des oiseaux (*Bull. Soc. des sc. nat. de Rouen*. 1914-1915.)

dit Buffon, que chez lui le besoin de manger ne soit que le second; lorsqu'il a été privé de poules pendant un certain temps, il s'adresse à la première femelle qui se présente, fût-elle d'une espèce fort éloignée, et même il s'en fait une du premier mâle qu'il trouve sur son chemin... Edwards ayant enfermé trois ou quatre jeunes coqs dans un lieu où ils ne pouvaient avoir de communication avec aucune poule, bientôt ils déposèrent leur animosité précédente et, au lieu de se battre, chacun tâchait de côcher son camarade quoique aucun ne parût bien aise d'être côché. Plutarque parle d'une loi qui condamnait au feu tout coq convaincu de cet excès de nature ». Hélas! l'homme n'est pas à l'abri de ces perversions sexuelles et il n'a pas, comme ses frères inférieurs, l'excuse d'ignorer son ignominie. Les crimes de bestialité devaient être fréquents dans l'antiquité puisque le *Lévitique* y consacre son chapitre VIII.

Indépendamment des hybrides fabuleux dont nous venons de parler et de bien d'autres que les progrès de la science ont fait rentrer dans le néant, il en est d'autres, encore accrédités, même chez les savants, qui ne sont rien moins que démontrés. Parmi eux, il convient de citer les prétendus *ovicapres* qui seraient issus du bouc et de la brebis ou du bélier et de la chèvre, et les *léporides* provenant, dit-on, du lièvre et de la lapine ou du lapin avec la hase. Il y a vingt-cinq ans environ, avec feu Cornevin, nous en avons instruit le procès en y apportant la rigueur scientifique nécessaire et nous sommes arrivés à cette conclusion : que leur existence est plus que douteuse. Cependant, Buffon, Daubenton, Isidore Geoffroy Saint-Hilaire, Sanson et beaucoup d'autres ont répété, après les anciens, que l'hybridation est facile et fréquente entre les deux espèces ovine et caprine. Ce serait toutefois une homœogénésie unilatérale, c'est-à-dire limitée au bouc et à la brebis, à l'exclusion du bélier et de la chèvre. Buffon déclare l'avoir obtenue personnellement neuf fois et Pallas va jusqu'à prétendre que ce croisement se produit à l'état sauvage et que la race des chèvres angoras pourrait bien en provenir.

Les essais répétés, tentés au Muséum d'Histoire naturelle de Paris, n'ont jamais réussi, non plus que les nôtres, à hybrider ces deux espèces. Aussi est-il permis de mettre en doute les succès de Buffon, d'autant plus qu'il déclare en un passage de son *Histoire Naturelle* que « la brebis couverte par un bouc ou par un bélier ne donne jamais que des agneaux, qui, dans la suite, sont aussi féconds que père et mère ». Il paraît infiniment probable que l'accouplement avec le bouc avait été inopérant et que Buffon lui a imputé l'effet d'une liaison régulière passée inaperçue qui avait précédé ou suivi l'autre à bref intervalle.

L'abbé Molina et Claude Gay ont, il est vrai, affirmé que, sous le nom de *chabins*, les hybrides en question sont exploités industriellement au Chili pour la production des pellones, sorte de fourrure très recherchée dans l'Amérique du Sud. Or, après enquête auprès de Besnard, professeur de zootechnie à l'Ecole d'Agriculture de Santiago, nous avons appris que les chabins sont nombreux au Chili, mais qu'ils se reproduisent *inter se* et que leur origine hybride n'est qu'une légende; ils s'accouplent parfois, il est vrai, avec des boucs, mais aucun propriétaire n'a jamais obtenu de produits de ces accouplements, et le professeur Besnard ne fut pas plus heureux dans ses tentatives. Au contraire l'accouplement de la femelle du chabin avec des béliers de différentes races est toujours fécond. Cet auteur eut l'obligeance de nous envoyer quelques-uns de ces prétendus ovicapres dont nous fîmes une étude anatomique, organe par organe, comparativement à des moutons et à des chèvres; le résultat en fut qu'ils n'ont rien de caprin ni dans leurs formes ni dans leur structure; ce ne sont que des moutons ne se distinguant des autres que par les qualités de leur toison. Y a-t-il eu à l'origine de leur race quelque hybridation avec des caprins et subséquemment réversion complète vers le type ovin? Rien ne le démontre. Comme le professeur Milne Edwards du Muséum, comme Besnard et le Dr Philippi de Santiago, et d'autres sans doute, nous avons constaté ou provoqué plusieurs fois des accouplements entre béliers et chèvres et surtout entre boucs et brebis, mais toujours sans résultat. C'est sans doute la facilité relative avec laquelle ces animaux contractent l'union sexuelle qui a fait croire à la possibilité de leur hybridation; on a pu mettre sur le compte de l'union adultérine le fruit d'une union régulière passée inaperçue, ainsi que nous l'avons déjà dit. Pour nous, la preuve de cette possibilité est encore à faire. Nous avons fait une étude anatomique minutieuse des deux espèces ovine et caprine qui a révélé des différences telles qu'il est bien difficile d'admettre sans une preuve irrécusable qu'elles puissent se croiser et surtout donner des hybrides féconds[1].

Pour les mêmes raisons nous révoquons en doute le croisement des deux espèces léporine et cuniculine. Les léporides que l'on dit en être issus ne sont que des lapins purs et simples. L'étude anatomique que nous en avons faite le démontre irréfutablement. D'ailleurs, ces animaux se reproduisent entre eux, et, malgré les témoignages rap-

[1] Voy. Ch. Cornevin et F.-X. Lesbre, Caractères ostéologiques différentiels de la chèvre et du mouton : comparaison avec les chabins et les mouflons *(Journal de Méd. vét. et de Zoot.*, 1891); Caractères myologiques et splanchnologique différentiels du mouton et de la chèvre : comparaison avec le chabin *(Journal de Méd. vét. et de Zoot.*, 1892).

portés par Broca touchant leur prétendue origine hybride, nous persistons dans notre scepticisme, qu'il s'agisse du croisement du lièvre avec la lapine comme sont censés avoir opéré les créateurs du léporide, ou de celui du lapin avec la hase comme dit avoir fait l'abbé Domenico Gagliari. Non seulement les deux espèces diffèrent par leur morphologie, leur anatomie et leurs mœurs, mais elles sont encore des plus antipathiques l'une à l'autre, et, par conséquent, des plus réfractaires à l'accouplement. Il y a plus : c'est en vain qu'Ivanoff a fait des tentatives d'hybridation artificielle en injectant du sperme de lièvre dans le vagin de lapines en rut[1].

Les réserves s'imposent bien plus encore à l'égard du croisement du chien et de la chatte, dont une observation très contestable a été relatée par le professeur Lemoigne, de l'Ecole vétérinaire de Milan; du loup et de la panthère, du loup et de l'hyène, du raton avec le renard rouge d'Amérique, du sarigue avec la chatte, etc.

Arrivons enfin aux hybrides authentiques. On en connaît dans toutes les classes de vertébrés, ainsi que dans les arthropodes, les vers, les mollusques et les échinodermes. Nous ne signalerons que les plus intéressants.

Le mammifère hybride le plus connu est le mulet ; son nom même est souvent employé d'une manière générale comme synonyme d'hybride. On l'élève industriellement depuis un temps immémorial, la *Genèse* en fait déjà mention et, plus tard, les historiens grecs et latins. Produit de l'âne et de la jument, le mulet doit être distingué du bardeau

[1] Relativement aux léporides consulter : P. Broca, *loc. cit.* — Suchetet, la Question du léporide (*Revue des questions scientifiques*, Bruxelles, 1887). — F.-X. Lesbre, Caractères ostéologiques différentiels des lapins et des lièvres : comparaison avec le léporide (*C. R. A. S.*, 1892, et *Journal Méd. vét. et Zoot.*, 1893). — Ch. Cornevin et Lesbre, Réponse à M. Sanson à propos d'un article sur les chabins et les léporides (*Recueil de Méd. vét.*, 1897).

ou bardot, obtenu par le croisement inverse, beaucoup plus rarement pratiqué, du cheval avec l'ânesse.

Le cheval et l'âne ne sont pas les seuls équidés susceptibles de croisement fertile, il est probable que toutes les espèces de solipèdes peuvent s'hybrider. C'est ainsi que l'on a obtenu des produits : du cheval et de la zébresse (Cuvier), de l'âne et de la zébresse (lord Clive, etc.), du zèbre avec l'ânesse, du couagga avec la jument (lord Morton), de l'hémione avec la jument (Milne Edwards), de l'hémione avec l'ânesse (I. Geoffroy Saint-Hilaire), de l'hémione avec le couagga femelle, de l'hémione avec la zébresse, de l'âne avec l'hémionesse ; de la jument avec un hybride de zèbre × âne, d'un hybride femelle de zèbre × ânesse ou âne × zébresse avec des poneys (Brehm), d'un hybride d'hémione × zébresse avec un autre hybride de zèbre × couagga (Brehm). I. Geoffroy Saint-Hilaire rapporte qu'une hémionesse couverte par un hybride d'âne × hémionesse mit bas au bout d'environ un an, mais il ne peut affirmer qu'elle n'ait pas été saillie aussi par un mâle de son espèce. Les produits du zèbre et de l'ânesse sont particulièrement recherchés dans l'Afrique Australe comme résistant le mieux aux piqûres de la mouche tsétsé, fléau du bétail de ce pays.

Les hybrides d'équidés sont habituellement stériles, mais les cas de fécondité du côté des femelles ne sont pas extrêmement rares. Ce ne serait pas une mince besogne que de rapporter tous ceux enregistrés dans les annales de la science, nous nous bornerons à renvoyer le lecteur aux écrits de Nanzio, directeur de l'Ecole Vétérinaire de Naples, de Prangé, Broca *(loc. cit.)* et quelques autres[1].

[1] Nanzio, Intorno al concepimento e alla figliature di una mula *(Edinburg new philosophical Journal*, 1849). — Prangé, Rapport sur la fécondité des mules *(Bulletin de la Soc. centr. vétér.*, Paris, 1850). — Salle, Larcher, Communications sur la fécondité des mules *(Soc. centr. vétér.*, 1873).

La fécondité éventuelle des mules ou des bardelles paraît être beaucoup plus fréquente dans les pays chauds (Italie méridionale, Espagne, Asie tropicale) que dans les pays tempérés. Elle était connue des anciens. Hérodote raconte qu'au siège de Babylone les assiégés raillaient les assiégeants en leur disant : « vous entrerez dans nos murs quand les mules mettront bas », et qu'il arriva précisément qu'une mule des assiégeants accoucha, ce qui fut regardé par eux comme un heureux présage, et, au contraire, de fâcheux augure par les Babyloniens.

Un pareil événement qui se produisit à Biskra en 1838 n'occasionna pas moins d'épouvante parmi les Arabes; ils crurent à la fin du monde, et, pour conjurer la colère céleste, se soumirent à de longs jeûnes. A coup sûr une superstition aussi vivace indique que le fait qui s'y rapporte n'est pas banal. Buffon signale une mule de Valence (Espagne) qui fut fécondée 5 fois par un cheval de Cordoue et une 6e fois par un autre cheval de même race; les 6 produits, normalement développés, vécurent plus ou moins longtemps. Sur 12 cas rapportés par Prangé, il y eut 2 avortons, un mort-né à terme et 9 sujets qui ont vécu, dont 6 provenaient de la même mule. — Il est remarquable qu'une mule qui a déjà engendré a plus de chance qu'une autre d'être fécondée encore. — Avec Cornevin, nous avons, il y a une trentaine d'années, étudié un produit d'une mule arabe qui avait été fécondée 6 fois, 4 par un cheval, 2 par un âne, et avait donné 3 mâles, 2 femelles et 1 avorton. L'histoire de cette mule a été publiée en 1889, par le Dr Saint-Yves Ménard, dans la *Revue scientifique*. Elle arriva au Jardin d'acclimatation de Paris, en 1873, accompagnée d'un étalon barbe et d'une mule de second sang (Constantine) qu'elle avait eue avec lui. A trois reprises différentes, on l'accoupla avec ce même étalon, et elle accoucha, en 1874, d'une femelle *(Hippone)*, en 1881, d'un mâle *(Kroumir)*, tandis qu'elle avorta en 1879. Livrée dans dans l'intervalle à un âne égyptien, elle donna encore deux rejetons mâles, *Salem* en 1875 et *Athman* en 1878. Les produits de cette mule qui avaient le cheval pour père ressemblaient absolument à des chevaux, sauf une petite différence dans le hennissement; ceux qui provenaient de l'âne avaient toute l'apparence des mulets, leur voix tenait le milieu entre le hennissement et le braiment. Sur les cinq, trois ont été eux-même féconds : *Constantine* avec son propre père et avec un étalon japonais ; *Hippone* avec ce même étalon japonais ; de ces trois accouplements naquirent des produits ayant tous les caractères du cheval, mais tellement chétifs qu'il a été impossible de les élever ; enfin, *Kroumir* donna avec une jument une pouliche bien portante et vigoureuse. Quant à *Salem*, trois-quarts de sang âne, il fut accouplé sans succès avec plusieurs juments. On aurait eu vraisemblablement plus de chances avec des ânesses.

Cette observation, extrêmement intéressante, fut complétée quelques années après par une étude anatomique minutieuse de l'un des sujets, *Hippone*, qui fut publiée par Cornevin et Lesbre dans la *Revue Scientifique* de 1892 et le *Journal de Médecine vétérinaire et de Zootechnie* de 1893. Nous en ferons connaître plus loin les résultats.

En résumé, exceptionnellement les mules peuvent être fécondes ; elles le seraient peut-être souvent si on les mettait toutes à l'épreuve, mais elles avortent facilement ou donnent des produits qui ne sont pas viables. Les anciens croyaient que seul le cheval peut les féconder ; en réalité, elles peuvent l'être aussi par l'âne, et même, suivant Buffon et Prangé, elles le seraient plus sûrement par l'âne que par le cheval. Sachant que les mules et mulets paraissent plus voisins de leur père que de leur mère, on est, en effet, porté à penser que les chances de fécondation doivent être plus grandes avec l'âne qu'avec le cheval; cependant les faits démontrent que le plus souvent c'est avec le cheval que les mules produisent. Il serait intéressant de savoir si les bardelles ne sont pas, au contraire, plus fécondes avec l'âne qu'avec le cheval?

Quant aux mulets, ils paraissent être radicalement inféconds, soit avec les mules, soit avec les juments, soit avec les ânesses; leur sperme manque d'ailleurs de spermatozoïdes ou n'en a que d'imparfaits. Cependant Aristote parle de juments, saillies par des mulets, qui auraient engendré des avortons??

Parmi les Bovidés, on peut croiser fructueusement le bœuf et le zébu, le bœuf et le bison, le bœuf et le yack, le zébu et le yack, le bœuf et l'aurochs, le bison d'Amérique et le bison d'Europe, etc.

L'hybride bœuf $\times$ zébu est le plus souvent obtenu par l'accouplement du zébu mâle avec la vache, mais on peut aussi l'obtenir par l'accouplement du taureau avec la femelle du zébu. Il est fécond dans les deux sexes; toutefois, les éleveurs préfèrent recourir au croisement que de le reproduire par lui-même, ce qui laisse des doutes sur son eugénésie.

D'après Raffinesque[1], le bison se plaît et s'accouple volontiers avec la vache, tandis que le taureau a de la répugnance pour la femelle du bison. Les produits du premier accouplement « ont la couleur, la tête et la demi-toison du bison, son dos incliné, mais pas de bosse sur le garrot, ils s'accouplent indifféremment entre eux, et avec leurs pères et mères et produisent de nouvelles races fécondes ».

Wicliff déclare aussi avoir obtenu des hybrides féconds

[1] Considérations générales sur quelques animaux hybrides *(Journal universel des Sc. méd.*, Paris, 1821, t. XXII.)

des deux espèces en question et les avoir croisés plusieurs fois, toujours avec succès, avec le bison et avec le bœuf, et même les avoir fait reproduire entre eux.

Cependant, il y a entre ces deux espèces de si grandes différences, morphologiques et anatomiques, qu'on peut concevoir quelque doute sur l'étendue de la fécondité attribuée à leurs hybrides. Morton d'ailleurs affirme que ceux de premier sang ne possèdent entre eux qu'une fécondité restreinte, tandis que ceux de second sang, retrempés dans l'une des souches parentes peuvent être indéfiniment féconds si on prend soin d'éviter les effets de la consanguinité; mais alors, il y a peut-être retour pur et simple à une espèce pure[1]. De nouvelles observations s'imposent avant de conclure, d'autant plus que Sanson écrit qu'un de ses élèves, originaire de la Lithuanie, lui a affirmé que les produits du bœuf et de l'aurochs ou bison européen sont stériles.

L'hybride bœuf × yack se produit en grand dans certaines contrées de l'Asie, où il tient le premier rang comme bête de somme. Quand il provient de l'union du taureau et de l'yack femelle, le mâle est appelé *dzo* et la femelle *dzomo;* s'il est issu d'une vache saillie par un yack mâle, le mâle est un *podzo*, la femelle une *tedzo*. Dzo et podzo sont stériles, tandis que dzomo et tedzo sont fécondes, soit avec l'une, soit avec l'autre des espèces mères; mais les petits qu'elles engendrent n'ont aucune qualité particulière; aussi ne les produit-on pas industriellement, leur naissance est accidentelle. « La fécondité des femelles provenant du croisement des yacks avec nos vaches ou nos taureaux a été constatée maintes fois dans la ménagerie du Muséum de Paris, mais les mâles de même origine n'ont jamais reproduit. » (Milne Edwards.)

[1] George Samuel Morton, Hybridity in animals, etc. *(Journal of sciences and arts*, 1847).

Il est à remarquer que l'yack mâle consent beaucoup plus volontiers à saillir la vache que le taureau à saillir l'yack femelle.

Les hybrides zébu $\times$ yack se produisent dans les mêmes conditions que les précédents et ont reçu les mêmes noms. On dit qu'ils sont féconds dans les deux sexes; une expérience de reproduction *inter se* aurait été poursuivie jusqu'à la septième génération? C'est à contrôler.

Le bison d'Amérique croisé avec le bison d'Europe donne aussi, dit-on, des produits féconds dans les deux sexes? Signalons enfin les croisements fructueux du zébu mâle avec la vache gayal ou avec la vache banteng, dont nous ne pouvons rien dire de plus, faute de renseignements.

Bien que, dans divers pays, les buffles vivent côte à côte avec les bœufs ou les zébus, ils sont indifférents les uns pour les autres. On a cependant signalé un accouplement entre un buffle et une femelle de zébu, mais le fruit n'en vint pas à terme.

Pour ce qui est des Ovins et des Caprins, nous ne reviendrons pas sur les réserves déjà faites à propos du croisement de la chèvre et du mouton (voir p. 22).

On dit encore avoir réussi l'opération : 1° entre le mouflon de Corse et la brebis, ce qui n'a rien d'étonnant, car ledit mouflon n'est qu'un mouton sauvage; 2° entre le mouflon à manchettes et la chèvre (deux fois au Jardin Zoologique de Londres, ce qui a été tenté en vain au Jardin Zoologique de Schœnbrunn); 3° entre le bouquetin et la chèvre, les produits de ce dernier croisement, ont, en général, les cornes de la mère et la couleur du père, et sont féconds dans les deux sexes, au dire de Brehm; 4° entre l'isard et la chèvre (Bouillé); 5° entre le bélier de Finlande et la biche de Sardaigne (les produits auraient été féconds avec la souche paternelle, mais en trois générations, ils seraient revenus au type mouton. Buffon, extrait des *Mémoires de l'Académie de Stockholm*, 1790).

En somme, Ovins et Caprins comptent parmi les animaux les plus libidineux. Mais de ce que l'accouplement est la condition préalable de la fécondation, on est trop porté à croire que l'un entraîne l'autre. Il ne suffit pas que les deux éléments sexuels se rencontrent, il faut encore qu'ils aient une affinité l'un pour l'autre.

L'hybridation des chameaux mérite de nous arrêter un instant. « Personne n'ignore, écrit Broca, que les chameaux et les dromadaires, réduits à la domestication depuis un temps immémorial, se croisent avec la plus grande facilité et que les individus provenant de ce croisement sont féconds entre eux et forment, comme l'a dit Buffon, une race secondaire se multipliant parallèlement et se mêlant avec les races premières. » Cette assertion, en effet, n'a guère trouvé de contradicteurs parmi les zoologistes et les zootechniciens. Cependant, il y a tout lieu de croire que Buffon a été induit en erreur par l'usage, conservé chez les peuples de l'Afrique et de l'Orient, de réserver le nom de dromadaires aux dromadaires coursiers à l'exclusion des autres qu'ils appellent chameaux. Le terme *dromedarius* ne remonte d'ailleurs pas au delà des Romains de la décadence, et il ne s'appliquait dans le principe qu'aux animaux de course *(camelus droma)* tels que les méharas. Les auteurs anciens, Aristote, Strabon, Diodore de Sicile, etc., ne se servaient que du mot chameau (καμηλος ou *camelus)*, et ils distinguaient le chameau de Bactriane, à deux bosses, et le chameau d'Arabie, à une bosse. C'est par un véritable abus de langage que les Occidentaux ont généralisé l'appellation de dromadaires à tous les individus de l'espèce à une bosse. Il se pouvait donc que ce qui est généralement admis touchant le croisement du chameau et du dromadaire se rapportât non pas aux deux espèces *camelus bactrianus* et *camelus arabicus*, mais tout simplement aux deux races, lourde et légère, du chameau à une bosse. Pour en avoir le cœur net, je me suis adressé, il y a une quinzaine d'années, à M. Pognon, consul de France à Alep, pays où confinent les aires géographiques des deux espèces, et j'en ai reçu très obligeamment la lettre suivante qui tranche, je crois, la question :

« Le chameau à une bosse et le chameau à deux bosses peuvent se croiser. Le chameau à une bosse et la chamelle à deux bosses donnent naissance à un hybride qui n'a aucune qualité particulière; aussi ne cherche-t-on pas à en obtenir; mais on m'assure que, lorsque les animaux ne sont pas surveillés, ce croisement a lieu quelquefois. Au contraire, le chameau à deux bosses et la chamelle à une bosse donnent naissance à un autre hybride, nommé en Syrie chameau de Mayeh, qui, en raison de ses qualités, est très recherché et fait l'objet d'un très grand commerce. Mayeh est le nom d'un canton dans la région de Césarée, où l'on produit une grande quantité de ces hybrides : de là leur nom. Le chameau de Mayeh n'a qu'une seule bosse, mais il est plus grand, plus fort que le chameau à une bosse et a les poils longs; il suffit d'en avoir vu une fois pour le reconnaître facilement. Il supporte très bien le froid, l'humidité, marche beaucoup mieux dans la boue que le chameau à une bosse, qui glisse facilement. On l'emploie beaucoup dans la région d'Alep pendant l'hiver, mais on est obligé de l'envoyer dans le Nord pendant l'été, car il ne supporte pas la chaleur. *Le chameau de Mayeh est absolument infécond*, comme le mulet; il ne donne de produit ni avec le chameau à deux bosses, ni avec le chameau à une bosse, et il ne se reproduit pas[1] ».

Ainsi donc, les deux espèces de chameaux se croisent,

[1] Voy. F.-X. Lesbre, Monographie anatomique des Camélidés (*Arch. Mus. Hist. nat. de Lyon*, t. IX).

mais il n'est pas vrai que leurs hybrides soient féconds. Toutefois, Antinori prétend que les femelles sont susceptibles d'être fécondées par des mâles de l'une ou l'autre des espèces mères. Cela pourrait bien être, au moins à titre exceptionnel, comme pour les mules?

Quant aux animaux du genre *Auchenia*, les uns domestiques, comme le lama et l'alpaca, les autres sauvages, comme le guanaco et la vigogne, il y a divergence d'opinions sur leur faculté d'hybridation : certains affirment, à la suite de Buffon, qu'ils peuvent tous s'accoupler avec succès, que le guanaco n'est que la forme sauvage du lama, et le paco ou vigogne, celle de l'alpaca, en sorte que leurs produits respectifs seraient indéfiniment féconds comme des métis. D'autres en font quatre espèces distinctes non susceptibles de croisement; par exemple, Tschudi déclare que, sur vingt et un accouplements de guanacos et de lamas, il n'obtint pas une seule fécondation. Cependant, la possibilité de croisements fertiles, au moins entre l'alpaca et la vigogne, ne paraît guère contestable après les renseignements donnés par l'abbé Cabrera, du Pérou, sur un troupeau d'alpa-vigognes; il y a seulement lieu de faire des réserves sur la manière dont ce troupeau se serait constitué; au lieu d'une reproduction *inter se*, il y a des raisons de penser que, seules, les femelles étaient fécondes, et qu'elles ont engendré avec des mâles de l'une ou l'autre des espèces croisées; en effet, la réversion vers ces espèces a dissipé le troupeau au bout de peu de temps.

Passant des Camélidés aux Cervidés, nous avons encore à faire des réserves en ce qui concerne les prétendus hybrides féconds que l'on pourrait obtenir par le croisement de l'axis et du pseudaxis, et des cerfs du groupe Sika d'Extrême-Orient. Il faudrait des observations plus nombreuses et mieux conduites pour entraîner la conviction.

Parmi les Porcins, on considère généralement le sanglier comme susceptible de se croiser avec le cochon domestique; il n'y aurait pas lieu de s'en étonner, non plus que de la fécondité des produits, s'il était vrai, comme l'a soutenu Cuvier, que le sanglier de nos forêts fût la souche de nos races porcines autochtones. Au dire de de Quatrefages, ce croisement serait si facile qu'on l'emploierait parfois pour repeupler une forêt au profit des chasseurs, en y abandonnant des truies domestiques. En réalité, les deux espèces n'ont aucune propension l'une pour l'autre, et les insuccès sont beaucoup plus nombreux que les réussites dans les tentatives de croisement; on y arrive plutôt avec le sanglier et la truie qu'avec le verrat et la laie. Les quelques hybrides authentiques qui ont été obtenus se sont parfois, mais non toujours, montrés féconds entre eux ou avec l'espèce porcine. Par exemple, Thierry, directeur de l'Ecole d'Agriculture de Labrosse, réussit à faire couvrir une truie bressane par un sanglier pris tout jeune à la forêt, et il en obtint plusieurs générations d'hybrides en les reproduisant entre eux ou avec l'une des espèces procréatrices. Je ne connais toutefois aucune observation suffisamment prolongée pour que l'on puisse affirmer la fécondité indéfinie de ces produits. D'autre part, il est un fait qui permet de douter de l'unité spécifique des animaux croisés, c'est que la laie porte cent trente jours environ, tandis que la truie ne porte que cent quinze à cent dix-huit jours — sans compter les différences anatomiques.

Le chien et le loup ne sont pas moins antipathiques l'un à l'autre que le sanglier et le cochon. La durée de la gestation est d'environ soixante-deux jours pour le premier, de deux mois et demi pour le second. Cependant, si on les prend très jeunes et qu'on les accoutume l'un à l'autre, on peut arriver à les croiser. D'après certains auteurs, ce croisement s'opérerait quelquefois spontanément dans les bois, soit entre loup et chienne, soit entre chien et louve. Nous en doutons. Buffon avait d'abord essayé de l'obtenir en élevant une toute jeune louve en captivité avec un mâtin de son âge; finalement, le chien tua la louve. Le marquis de Spontin-Beaufort fut plus heureux. Il réussit à accoupler un chien braque à une louve apprivoisée et en obtint des produits qui se reproduisirent entre eux, sous la surveillance de Buffon lui-même, jusqu'à la quatrième génération, terme où s'arrêta l'expérience. Il en est parlé longuement dans l'*Histoire Naturelle* de cet auteur, ainsi que d'autres faits du même genre, avec sept planches à l'appui. Cuvier, Kühne et d'autres l'ont renouvelée avec le même résultat; et il est aujourd'hui hors de doute que le croisement du chien avec la louve ou du loup avec la chienne est possible, et que les produits peuvent être féconds, mais je ne sache pas qu'on ait jamais réussi à en faire souche d'une race intermédiaire. Il faudrait reprendre l'expérience et la poursuivre plus longtemps et sur un plus grand nombre de sujets. Malgré cette hybridité provoquée, que Broca qualifie d'eugénésique, le loup et le chien ont chacun un naturel qui les préserve de tout mélange spontané, et c'est là précisément ce qui démontre qu'ils sont d'espèce différente.

Le chacal s'unit plus facilement au chien que le loup. Flourens a poursuivi ce croisement pendant quatre générations; mais, au lieu de faire reproduire les hybrides entre eux, comme l'avait fait Buffon pour ceux du chien et du loup, il a simplement accouplé les femelles avec des chiens. Il n'est pas étonnant que ce croisement continu ait éliminé l'élément chacal au bout de quelques générations. « Les hybrides de premier sang étaient, dit-il, à peu près à égale distance du chien et du chacal; ceux de la seconde génération issus d'un deuxième croisement avec le chien n'aboyaient pas encore, mais ils étaient moins sauvages et avaient les oreilles non plus dressées, mais pendantes par le bout; ceux de la troisième génération aboyaient, avaient les oreilles pendantes, la queue relevée comme des chiens et n'étaient plus sauvages; enfin, ceux de la quatrième génération étaient tout à fait chiens[1]. »

« C'est, dit Broca, comme si, après avoir mélangé un litre d'eau et un litre de vin, on ajoutait à un litre de ce mélange un deuxième litre de vin, puis à un litre de ce deuxième mélange un troisième litre de vin, et ainsi de suite; il arriverait un moment où le résultat de ces opérations pourrait passer pour du vin pur et où les dégustateurs seraient aussi incapables que les chimistes de reconnaître la fraude. Irait-on conclure pour cela que le premier mélange abandonné à lui-même s'est transformé en vin? » Tout autre aurait été le cas, évidemment, si les hybrides s'étaient reproduits *inter se*, mais les mâles étaient peut-être stériles, d'où la nécessité du croisement continu des femelles avec l'une ou l'autre des souches parentes? Flourens n'a pas fait le croisement continu de ces mêmes hybrides avec le chacal, mais il en préjuge le résultat quand il dit que quatre générations auraient suffi de même à éliminer le type chien et à ramener le type chacal.

L'hybridation du renard et de la chienne a été signalée assez souvent. Aristote écrit que les chiens de Laconie en proviennent. Fouilloux en parle explicitement dans son *Traité de vénerie*. Pallas affirme même que les produits n'en sont pas toujours stériles, etc. Cependant elle a été tentée en vain par Buffon et par le Muséum de Paris, et Broca avoue qu'aucun des cas rapportés ne lui paraît

[1] Flourens, *De l'instinct et de l'intelligence*, 1870 ; id., *Ontologie naturelle ou étude philosophique des êtres*, 1861 ; id., *Histoire des travaux de G. Cuvier*, 1858.

démonstratif, il concède toutefois que le croisement réussirait peut-être avec certaines races de chiens.

Si elle existe vraiment, cette hybridation n'est possible qu'entre renard et chienne, à cause de l'attitude couchée que prend la renarde au moment du coït. On dit généralement que les produits sont stériles.

Feu le professeur Malet, de l'Ecole Vétérinaire de Toulouse, a décrit avec photographie à l'appui (voir *Zoötechnie spéciale* de Cornevin) deux canidés qui, au dire des chasseurs qui les avaient tués, étaient des hybrides de chien et de renard : l'un, femelle, rappelant beaucoup plus le renard que le chien, au dire de l'auteur, l'autre, mâle, se rapprochant davantage du chien. A en juger seulement par les photographies, je suis très porté à douter de l'origine hybride de ces deux sujets et à les considérer comme des renards purs et simples dont l'un présentait, par variation spontanée, quelques caractères tendant à l'espèce canine.

Citons encore dans l'ordre des Carnivores un croisement fécond qui, en 1824, s'est opéré à la ménagerie de Windsor entre un lion et une tigresse et a donné deux petits très doux, ne ressemblant ni à leur père ni à leur mère (Desmarest); un autre croisement entre un lion et une panthère dont le produit est figuré dans l'*Encyclopédie d'Histoire naturelle*, planche 13 de l'atlas; enfin divers croisements entre des chats domestiques et des espèces sauvages du genre *felis*, telles que *felis sylvestris*, *felis lybica*, *felis cafra*, *felis chaus*.

Dans l'ordre des Rongeurs, nous avons déjà mis un gros point d'interrogation à la prétendue hybridité des espèces lièvre et lapin et démontré que les Léporides que nous avons passés sous notre scalpel n'étaient anatomiquement que de purs lapins.

Blaringhem et Prévôt ont obtenu récemment des produits

féconds en croisant des cobayes sauvages *(cavia Cutleri* ou *cavia aperea)* avec des femelles de cobaye domestique *(cavia cobaya)*. Mais il s'agit là, probablement, d'animaux qui sont entre eux dans les mêmes rapports que le lapin de garenne avec le lapin de clapier. Il est à remarquer que l'influence paternelle a diminué la productivité des portées *(Comptes rendus de l'Académie des Sciences*, deuxième semestre 1912).

Ivanoff a hybridé artificiellement le rat blanc et la souris blanche, en injectant du sperme de l'un dans le vagin de l'autre, et il a obtenu ainsi deux petits participant des caractères du père et de la mère.

C'est chez les Oiseaux que les essais d'hybridation ont été le plus nombreux, car les rapprochements sexuels entre individus d'espèces différentes, dans les cages, volières ou basses-cours, sont plus faciles à obtenir que dans tout autre groupe.

Dans son livre sur les hybrides, Suchetet déclare avoir colligé deux cent soixante-deux croisements fructueux entre espèces de cette classe ? Deux de ces hybridations sont exploitées en zootechnie : celle du faisan commun avec la poule, donnant naissance au *coquart*, dont le mâle est stérile et la femelle féconde, et celle du canard de Barbarie ou canard musqué avec la cane ordinaire, donnant naissance au *mulard*, stérile dans les deux sexes. (Voir au sujet de cet hybride un travail de Mme Millet-Robinet dans le *Bulletin de la Société Nationale d'Agriculture*. 1868.) On peut aussi hybrider le faisan doré avec la poule, les diverses espèces de faisans entre elles, l'oie ordinaire avec l'oie du Canada, l'oie de Chine et même avec le cygne noir, l'oie d'Egypte avec le canard pingouin, le coq avec la pintade, la pintade mâle avec la poule, le coq avec la dinde, le faisan doré avec la perdrix, le paon avec la poule, le coq de bruyère avec la poule, la gélinotte avec la poule, le paon avec la pintade, le hocco avec la poule, le dindon avec la pintade, la bartavelle avec la poule Bentam, la bartavelle avec la perdrix grise, les trois espèces de hoccos entre elles, le pigeon avec la tourterelle à collier, les deux espèces de tourterelles entre elles, le ramier avec le pigeon, la bergeronnette noire avec la bergeronnette grise, l'hirondelle de fenêtre avec l'hirondelle de cheminée, la corneille noire avec la corneille mantelée, la plupart des espèces de fringillides entre elles : moineau, pinson, serin, tarin, venturon, chardonneret, siserin, linotte, verdier, bouvreuil, etc.

Ces croisements donnent en général des individus stériles ou ne pondant que des œufs clairs ; cependant il paraît que les hybrides de hoccos, ceux d'*anser cygnoïdes* × *anser cinereus*, d'*anser cygnoïdes* × *anser canadensis*, de *cycnus olor* × *cycnus immutabilis*, d'*anas boscas* × *anas acuta*, de *columba livia* × *turtur risorius* et d'autres encore sont féconds au moins avec les espèces mères et parfois entre eux, par exemple ceux d'*anser cygnoïdes* × *anser canadensis* ont été reproduits jusqu'à sept fois *inter se*.

Je ne connais pas d'exemple d'hybridation dans la classe des Reptiles.

Parmi les Batraciens, la grenouille mâle de l'espèce *rana temporaria* croise facilement avec la femelle de *rana arvalis* et l'on en obtient des larves et même des adultes, mais, chose à remarquer, le croisement inverse ne donne rien ; on suppose que cela tient à ce que la dimension sensiblement plus grande des spermatozoïdes de l'espèce *arvalis* ne leur permet pas de pénétrer dans le micropyle de l'œuf de l'espèce *temporaria*. Les deux espèces de tritons (*cristatus* et *marmoratus*) peuvent aussi s'hybrider. On a même réussi à féconder des œufs de grenouille avec du sperme de crapaud ou de triton, mais le développement s'arrête avant l'éclosion.

Dans les conditions naturelles, bien que l'eau contienne à un moment donné des spermatozoïdes et des œufs de diverses espèces de Poissons, on n'observe guère de fécondation qu'entre produits sexuels de même espèce ; le micropyle des œufs est pour ainsi dire calculé sur la forme et les dimensions des spermatozoïdes; les quelques hybrides authentiques signalés chez les poissons ne sont, d'après Valenciennes, que des métis. Cependant il y a quelque temps, un auteur allemand du nom de Mœnckaus annonça « qu'il était possible de féconder artificiellement les œufs de n'importe quel poisson osseux de mer avec le sperme d'un autre poisson osseux de mer pratiquement quelconque ». Les embryons que l'on obtient de ces prétendus croisements hétérogènes vivent en général peu de temps ; cependant, J. Lœb dit avoir réussi à faire vivre de tels hybrides pendant plus d'un mois. Calculant qu'il existe environ dix mille espèces de téléostéens, ce dernier auteur estime qu'en les combinant de toutes manières on n'obtiendrait pas moins de cent millions de formes nouvelles de poissons, et il conclut, d'une manière générale, que le nombre d'espèces que nous observons n'est qu'une fraction infiniment petite de celles qui pourraient naître, et que, peut-être, il s'en forme assez fréquemment qui échappent à notre observation par suite de leur vie éphémère.

Ces assertions nous paraissent fort sujettes à caution ; il ne faut pas confondre la parthénogénèse artificielle avec l'hybridation ; en effet, il suffit parfois, comme nous l'expliquerons plus loin, d'une pression, d'une piqûre, d'une agitation, d'une action chimique, pour provoquer sans fécondation un commencement de développement dans certains œufs. Or, Mœnckaus n'a obtenu les résultats dont il parle qu'en modifiant le milieu par addition à l'eau de mer de diverses substances; le sperme lui-même a pu agir sur les œufs d'une manière purement chimique, par ses lysines, comme aurait pu faire un liquide ou extrait organique étranger quelconque. — Quant à l'hypothèse que l'hybridation a pu jouer, au moins dans les âges géologiques, un rôle considérable dans la multiplication des espèces, elle est, comme nous l'avons déjà dit, fort peu vraisemblable : les espèces se sont multipliées par l'évolution d'espèces synthétiques primitives qui se sont dissociées en phylums ramifiés divergents. Elles ont si peu de tendance à se mélanger que c'est là leur caractéristique essentielle.

Chez les Arthropodes, on a réussi à hybrider quelques espèces de lépidoptères, telles que *antherea roylei* et *antherea Pernyi*, *bombyx cynthia* et *bombyx arrindia*, plusieurs espèces de smérinthes ou de saturnies. Entre les mains de Guérin-Menneville, les produits des deux bombyx de l'ailante et du ricin se sont montrés féconds *inter se* pendant huit générations, mais en état de variation désordonnée ; dès la troisième génération, une partie de ces hybrides avait repris tous les caractères, soit de l'espèce paternelle, soit de l'espèce maternelle. Les formes de papillons les plus éloignées qu'on soit parvenu à croiser fructueusement sont *saturnia pevonia* mâle et *grællsia isabella* femelle, mais les chenilles obtenues sont mortes entre la deuxième et la troisième mue.

D'après Paul Pelsener, il ne se produit pas de véritables hybrides chez les Mollusques ; les produits résultant de l'accouplement de deux individus d'espèces différentes présentent constamment et exclusivement les caractères maternels. C'est qu'il n'y a pas eu fécondation véritable, mais embryogénie sans amphimixie, c'est-à-dire parthénogénèse ; le sperme étranger n'a été qu'un simple stimulant comme aurait pu l'être un autre liquide organique ou diverses substances chimiques; on a eu affaire, en somme, à un phénomène de pseudogamie[1].

Les hélix que l'on a réussi à croiser, tels que *nemoralis* et *hortensis*, ne sont vraisemblablement que des races d'une même espèce.

Il a été fait, dans ces quarante dernières années, un grand nombre d'essais d'hybridation entre Echinodermes divers : oursins, étoiles de mer, oursins et holothuries, crinoïdes et ophiures, voire même entre échinodermes et mollusques, échinodermes et vers, etc. Les résultats, en apparence positifs, obtenus avec des espèces si disparates, sont tellement en opposition avec ce que l'on sait des conditions ordinaires de l'hybridation qu'il y a lieu de croire, comme pour les poissons et les mollusques, qu'ils relèvent d'un tout autre phénomène.

On peut bien admettre comme véritables certaines hybridations obtenues par M. Kœhler entre différentes espèces d'échinoïdés (voir *C. R. A. S.*, 1882), mais la plupart des autres ne sont que de la parthénogénèse artificielle.

Cela nous conduit à parler des recherches mémorables de J. Lœb, Morgan, R. Hertwig, Y. Delage, Bataillon, etc., qui démontrent que l'on peut provoquer artificiellement un développement plus ou moins avancé d'œufs non fécondés d'échinodermes, de vers, de mollusques, d'insectes et même de vertébrés inférieurs, sans le concours de spermatozoïdes, par de simples actions physiques, chimiques ou mécaniques[2].

J. Lœb ayant traité des œufs d'oursins ou d'étoiles de mer non fécondés par de l'eau de mer concentrée par addition

[1] *C. R. A. S.*, séance du 26 mai 1919, t. CLXVIII, p. 1056; Pelsener, *l'Hybridation chez les mollusques.*

[2] J. Lœb, *la Conception mécanique de la vie*, trad. par H. Mouton.

de sel ou de sucre et les ayant ensuite reportés dans de l'eau de mer naturelle en vit entrer en développement et donner des larves assez avancées parfois pour être pourvues d'intestin et de squelette. Le même résultat est obtenu en soumettant ces œufs à l'action d'une eau de mer additionnée d'une petite quantité de certaines substances toxiques comme l'acide butyrique, la soude caustique, le cyanure de potassium, l'alcool, l'éther, le chloroforme, certains alcaloïdes, des sels biliaires, des liquides ou extraits organiques d'une espèce étrangère, tels que sang, sperme, etc., ou encore en les agitant mécaniquement, en les pressant, en les piquant avec une aiguille, etc. Si on les reporte ensuite dans de l'eau de mer hypertonique, puis dans de l'eau de mer naturelle, ils se développent comme s'ils avaient été fécondés. Delage a réussi de cette manière à élever des larves jusqu'à l'âge adulte, mais d'ordinaire le développement ne va pas jusque-là, il s'arrête plus ou moins tôt. Dans tous les cas, il est précédé d'une sorte de cytolyse superficielle qui aboutit à la formation d'une membrane extérieure en tout comparable à celle qui se produit après l'entrée du spermatozoïde dans la fécondation normale. Chose curieuse : si l'on opère avec des liquides ou extraits organiques, il n'y a que ceux d'origine étrangère qui soient efficaces; ceux de l'espèce même sur laquelle on expérimente sont sans effet, ce qui tend à prouver que l'action exercée est due à des lysines et permet de supposer que, dans les prétendues hybridations hétérogènes que l'on dit avoir obtenues, le sperme n'a agi que comme substance chimique activante et nullement par ses éléments fécondants physiologiques, autrement dit qu'il y a eu parthénogénèse artificielle et non pas fécondation. On obtient, d'ailleurs, le même effet en substituant à ce sperme étranger le même sperme filtré et dépourvu de spermatozoïdes ou encore du sérum sanguin ou un extrait organique d'un animal quelconque, par exemple d'un requin, d'un coq, voire même d'un bœuf. En somme, il s'agit là d'une action légèrement toxique suscitant un commencement de développement qui se fait exclusivement dans la direction maternelle, l'œuf n'ayant reçu aucun potentiel héréditaire nouveau. Du moment qu'il n'y a pas fécondation, il n'y a pas hybridation. Celle-ci, comme la greffe, n'est possible qu'entre espèces affines, conformément à la règle générale.

CONSIDÉRATIONS GÉNÉRALES

Maintenant que nous avons fait la discrimination entre les hybrides authentiques et les fabuleux ou douteux, il nous reste à envisager une série de questions des plus intéressantes, mais dont l'élucidation n'est pas toujours facile.

A. Pourquoi, dans les conditions normales, les espèces ne se mélangent-elles pas? — Il y a à cela différentes raisons :

1° Une indifférence ou même une aversion s'opposant aux unions sexuelles. On en peut juger par la difficulté que l'on éprouve souvent à faire saillir la jument par le baudet pour obtenir un mulet; il faut lui présenter d'abord une femelle de son espèce qui sert de boute-en-train, puis lui bander les yeux et substituer habilement la jument à l'ânesse. Pour arriver à faire saillir la jument et l'ânesse par le zèbre, on est allé jusqu'à les camoufler en peignant des raies sur leur robe.

2° L'impossibilité physique d'accouplement, soit qu'il y ait disproportion de taille ou différence d'attitude, soit qu'il y ait défaut de coaptation des organes copulateurs.

3° Le défaut de synchronisme dans la maturation des éléments sexuels et, conséquemment, de coïncidence des périodes de rut.

4° Le défaut de concordance entre les dimensions du spermatozoïde et le micropyle de l'œuf. On sait, en effet, que, dans les poissons et nombre d'autres ovipares, la membrane de l'œuf est percée d'un petit trou qui fait porte d'entrée pour le spermatozoïde et est accommodé à la mesure de celui-ci de manière à s'opposer à la pénétration de tout autre. Il se pourrait aussi que, chez les végétaux, certains boyaux polliniques fussent empêchés mécaniquement d'atteindre les ovules à travers certains stigmates et que ce fût la cause pour laquelle des espèces, même très affinées, ne peuvent se croiser dans un sens ou dans l'autre ou de toutes façons. Par exemple, on féconde *mirabilis jalapa* avec le pollen de *mirabilis longiflora* ou encore *œgilops ovata* avec le pollen de *triticum sativum*, mais il est impossible de réussir les fécondations inverses ; et on ne voit guère d'autre cause à invoquer que celle-là.

5° Le défaut d'attraction des deux éléments sexuels. Entre gamètes d'une même espèce, il y a une sorte de tropisme positif, tandis que, entre gamètes d'espèces différentes, c'est plutôt un tropisme négatif. Par exemple, Falkenberg, opérant sous le microscope des essais de fécondation entre deux espèces d'algues *(culteria multifida* et *culteria aspersa)*, vit que les anthérozoïdes de l'une, arrivés au contact des archégones de l'autre, étaient comme repoussés au lieu d'être attirés comme le sont ceux de l'espèce correspondante.

6° Quand, malgré tous ces obstacles, la fécondation vient à se produire, le développement embryonnaire est souvent arrêté ou plus ou moins contrarié par le défaut d'affinité dont nous venons de parler ou bien par l'inégale durée de la gestation ou de l'incubation dans les deux espèces croisées.

De là des avortements, des anomalies plus ou moins graves. Il est extrêmement rare que le produit arrive à parfaire son développement sans que l'appareil reproducteur soit plus ou moins touché, surtout chez le mâle. Nous ne connaissons chez les animaux aucun exemple authentique d'hybrides ayant fait souche d'espèces nouvelles ; les quelques cas cités chez les végétaux, tous sujets à caution, ne sauraient infirmer cette loi.

Le croisement des races ou variétés de la même espèce n'a pas les mêmes conséquences, il s'opère en général sans répugnance de la part des animaux et sans diminution de fécondité, souvent même celle-ci s'en trouve accrue.

B. Degrés de fertilité des croisements d'espèces et des hybrides. — Bien que tout semble conjuré contre les croisements d'espèces, il arrive qu'ils se produisent, et alors, quelle que soit la proximité taxinomique des espèces mariées, la fertilité du croisement n'est jamais égale à celle des unions pures dans l'une ou l'autre de celles-ci. Par exemple, une jument saillie par un baudet ou une ânesse saillie par un étalon ont moins de chances d'être fécondées que si elles étaient couvertes par un mâle de leur espèce ; elles ont aussi, nous l'avons déjà dit, moins de chances de mener leur fruit jusqu'au terme, et celui-ci court plus de risques d'anomalies et de mortalité qu'un produit d'espèce pure. Et tous ces aléas sont d'autant plus grands que les espèces croisées sont plus disparates.

Sur 100 juments saillies par le cheval on compte dans l'administration des Haras une moyenne de 60 naissances. Une statistique anglaise, faite en 1886, donne une moyenne de plus de 69 pour 100. Tandis que Jacques Bujault estime que, dans le Poitou, il n'y a que les quatre neuvièmes (c'est-à-dire 44,44 pour 100) des juments livrées au baudet qui amènent leur produit à bien; toutefois avec les juments arabes les chances de fécondation seraient plus grandes qu'avec les juments françaises (?).

Pour se prémunir contre cette incertitude de fécondation, certains éleveurs présentent successivement, à quelques jours d'intervalle, la même jument au baudet et à l'étalon. Il peut y avoir alors superfécondation, d'où résulte une naissance gémellaire d'un poulain et d'un muleton. Pareil fait s'est produit lorsque les deux saillies avaient été espacées de quinze jours à un mois, ce qui implique non plus une simple superfécondation mais une véritable superfétation.

Dans le croisement du faisan avec la poule, pratiqué industriellement pour obtenir le coquart, il y a à peine le quart des œufs qui sont fécondés, tous les autres restent clairs. Et si l'on considère les fécondations artificielles que l'on dit avoir obtenues entre espèces plus ou moins éloignées de batraciens, poissons, mollusques, vers, échinodermes, on est en présence d'un commencement de développement qui ne tarde pas à s'arrêter ou à devenir irrégulier. Il y a donc tous les degrés entre la fertilité et la stérilité, et il en est de même pour les produits.

Il existe des hybrides féconds entre eux et avec chacune des souches parentes, par exemple, ceux des taurins avec les zébus, du sanglier avec le porc, de l'oie de Chine avec l'oie cendrée, des *bombyx cynthia* et *arrindia*, mais il n'est pas démontré que cette fécondité soit indéfinie, le plus souvent il y a retour à l'une des souches parentales. On a cité bien d'autres cas d'hybrides ou prétendus hybrides féconds, par exemple, les chabins, les léporides, les alpa-vigognes, les hybrides des deux espèces de chameaux, etc. Nous avons déjà dit ce qu'il faut penser de cette hybridité eugénésique. La fécondité chez les hybrides est, répétons-le, exceptionnelle, anormale, et, quand on l'observe, elle est le plus souvent limitée aux femelles ; il est fort rare qu'elle soit bilatérale et qu'on puisse les reproduire entre eux d'une manière durable ; d'ailleurs, il y a bientôt dissociation et retour à l'une ou à l'autre des espèces mères ; et ce retour est particulièrement rapide lorsque les hybrides sont croisés avec celles-ci. C'est ainsi que les produits des mules fécondées par le cheval ont été toujours pris pour des chevaux, à telle enseigne que l'un d'eux servit dans la cavalerie sans que jamais personne eût soupçonné son origine.

On peut donc admettre comme fondée cette opinion de Cuvier et de Quatrefages que, s'il y a des races intermédiaires, *il n'y a pas d'espèces intermédiaires.* On signale cependant en botanique quelques hybrides féconds dont on serait parvenu à stabiliser les caractères ; par exemple, *medicago media*, catalogué comme une espèce parfaitement légitime, serait issu du croisement de *medicago sativa* avec *medicago falcata ; œgilops ovata* croisé avec *triticum sativum* donnerait une forme hybride, *œgilops speltæformis*, se perpétuant avec ses caractères intermédiaires. On cite encore les hybrides d'œnothères obtenus par Hugo de Vries et ceux de fraisiers obtenus par Millardet. Mais ces assertions ne s'accordent pas avec les nombreuses expériences de Naudin, confirmées ensuite par Mendel, expériences dans lesquelles on a presque toujours vu les hybrides entrer en variation désordonnée, à partir de la deuxième génération, et retourner plus ou moins vite aux espèces mères.

Ce qu'il y a de certain, c'est que, dans les conditions naturelles, en dépit de leur extrême promiscuité, les espèces végétales conservent comme les animales leur autonomie, elles s'enchevêtrent sans se mélanger génésiquement, les quelques croisements qu'à force d'artifices on est arrivé à faire ne sauraient rien changer à cette loi.

Certains auteurs, dominés par une pétition de principe, considèrent les hybrides féconds comme de simples métis et les espèces dont ils sont issus comme de simples races ou variétés d'une même espèce. Ainsi Buffon en était à se demander si les moutons et les chèvres ne sont pas de même espèce. S'il eût connu la légende du léporide, il se fût sans doute posé la même question à l'égard du lièvre et du lapin. De nos jours, il est encore des gens qui pensent que le sanglier et le porc sont de même espèce, ainsi que le loup, les chiens et le chacal, le bœuf et le zébu, etc., sous prétexte que leurs hybrides respectifs sont plus ou moins féconds. C'est une conception qui ne nous paraît pas défendable, car tous ces animaux diffèrent par leur morphologie, leur anatomie et leur naturel; et ils ne se mélangent pas normalement. D'ailleurs aucun zoologiste classificateur ne s'y est mépris; par exemple beaucoup placent le bœuf et le zébu dans des genres ou sous-genres différents *(bos* et *bibos).* Nos recherches anatomiques comparatives sur ces deux sortes d'animaux sont convaincantes pour leur distinction spécifique[1].

Après les hybrides *eugénésiques*, c'est-à-dire à fécondité bilatérale, viennent les hybrides *paragénésiques*, c'est-à-dire à fécondité unilatérale, chez lesquels la femelle seule en jouit et peut engendrer avec l'une ou l'autre des souches parentes, voire même avec une troisième espèce. Conformément à la règle, les produits font retour à l'une des espèces croisées. C'est ce que l'on observe normalement chez les hybrides de bœuf et d'yack, de faisan et de poule, et, à titre exceptionnel, chez ceux d'Equidés, que Broca qualifie de *dysgénésiques*.

Enfin la stérilité complète, c'est-à-dire bilatérale, est le

[1] F.-X. Lesbre, Recherches anatomiques sur le zébu comparativement au bœuf européen *(Ann. de la Soc. d'Agric. de Lyon*, 1900).

lot de la plupart des hybrides, dits pour cela, *agénésiques*.

Il y a, on le voit, toute une gradation dans les facultés génératrices des hybrides, depuis la fécondité presque complète jusqu'à la stérilité. Darwin et Wallace pensent que leur stérilité, complète ou relative, a été beaucoup exagérée et qu'elle relève pour une part des conditions défectueuses de l'expérimentation, qui s'effectue le plus souvent entre sujets consanguins et dans l'état de captivité. Quoi qu'il en soit, si l'on considère d'autre part que la fécondité entre variétés, races ou individus d'une même espèce n'a rien d'absolu, qu'il suffit souvent du défaut d'espace, de la consanguinité, d'un changement de climat ou de conditions d'existence pour frapper des animaux de stérilité, vu la particulière susceptibilité des éléments reproducteurs surtout chez les mâles, on est amené à conclure que le vieux critère physiologique de l'espèce : fertilité en dedans, stérilité en dehors, n'a qu'une valeur relative. Des espèces très différentes menant le même genre de vie, dans les mêmes conditions de milieu, peuvent acquérir une affinité occulte qui les rend susceptibles de mélange; par contre des animaux d'une même espèce, en changeant de milieu et de genre de vie, peuvent perdre leur affinité première et devenir plus ou moins stériles. Il arrive même souvent, sans qu'on sache pourquoi, que deux individus d'une même race, stériles entre eux, soient féconds avec d'autres, par exemple qu'un homme et une femme mariés n'ayant pas eu d'enfant se séparent et procréent chacun de son côté avec un autre géniteur.

L'hybridation n'est donc pas la seule cause modificatrice des facultés génésiques; il y en a bien d'autres. Toutes d'ailleurs ne s'exercent pas dans un sens défavorable; nous avons déjà dit que l'état de domesticité, en assurant aux animaux une nourriture plus abondante et plus riche, les rend généralement plus prolifiques.

En présence de cette extrême sensibilité des appareils reproducteurs, aussi bien chez les végétaux que chez les animaux, on comprend que l'on ne puisse tabler en toute certitude sur la fécondité ou l'infécondité pour la caractérisation des groupes, quels qu'ils soient.

C. Caractères sexuels et résistance vitale des hybrides. — En règle générale le sexe masculin est dominant dans les hybrides; c'est du moins ce qu'affirment Buffon, pour les mammifères, et Suchetet, pour les oiseaux. Par exemple, l'hybridation du chien avec le loup donnerait trois mâles pour une femelle, celle du chardonneret avec le serin seize mâles pour trois femelles; Cornevin dit avoir appris que, en Corse, il naît plus de bardeaux que de bardelles, et il semble bien que dans nos pays les mulets soient plus nombreux que les mules, mais on manque de statistique pour l'affirmer.

Qu'il s'agisse des mâles ou des femelles, l'appareil reproducteur est ordinairement normal d'apparence, les attributs sexuels bien accentués et les ardeurs génitales intactes. Il n'est pas sans intérêt de constater qu'il n'y a pas corrélation nécessaire entre la stérilité d'une part, l'ardeur génésique et les caractères sexuels secondaires d'autre part. C'est que, en effet, il existe dans le testicule et dans l'ovaire deux glandes enchevêtrées, l'une épithéliale élaborant les éléments sexuels, spermatozoïdes ou œufs, l'autre interstitielle tenant sous sa dépendance, par une sécrétion interne, les attributs sexuels et les ardeurs génésiques. Or celle-ci persiste alors même que celle-là avorte. C'est ce qu'on observe notamment chez les mulets : leur sperme est ordinairement dépourvu de spermatozoïdes; les éléments épithéliaux de leurs testicules, au lieu de s'arranger en tubes séminifères, se sont dispersés diffusément dans les mailles d'un réseau fibreux et n'ont pas dépassé le stade de spermatogonies, tandis que la glande interstitielle s'est développée normalement. C'est aussi ce qui existe chez les cryptorchides. Quant aux ovaires, ils peuvent être atrophiés à divers degrés, dépourvus ou pauvres en œufs ou au contraire en être abondamment pourvus; ces œufs peuvent être fécondables ou non et leur émission (ovulation ou ponte) se faire régulièrement ou irrégulièrement. Par exemple, la mule entre en chaleurs comme l'ânesse et la jument, ses ovaires offrent des vésicules de de Graaf et des corps jaunes; la mularde pond des œufs qui ne sont ni moins nombreux ni moins volumineux que ceux de la cane, mais restent toujours clairs. D'autres hybrides femelles d'oiseaux pondent peu ou ne pondent pas du tout; parfois même on a constaté l'absence de la grappe ovarique et de l'oviducte.

Des faits du même ordre s'observent chez les hybrides végétaux. Ils présentent bien des étamines et un pistil, mais les éléments sexuels, grains de pollen et ovules, avortent plus ou moins; les anthères, au lieu d'être gonflées, sont aplaties et comme flétries, le peu de poussière qu'elles contiennent est incapable d'émettre des tubes polliniques. L'élément femelle est moins atteint; il peut arriver qu'un certain nombre d'ovules soient susceptibles d'être fécondés par le pollen de l'une des espèces parentes, et alors les graines qui en proviennent donnent des végétaux quarterons chez lesquels la fécondité peut reparaître, mais, en général, les descendants entrent en variation désordonnée et font retour aux types spécifiques d'origine.

Les hybrides jouissent parfois d'une longévité et d'une résistance vitale particulières, comme si, en vertu du balancement organique, les organes de la vie individuelle bénéficiaient de la diminution ou de la suppression fonctionnelle de ceux de la vie de l'espèce. C'est une des raisons pour lesquelles on produit industriellement les mulets et bardeaux, les dzo et podzo, les coquarts, les mulards, etc. Des constatations semblables ont été faites chez les hybrides végétaux. Mais il ne faut pas généraliser : quand les espèces croisées ne sont pas suffisamment affines, c'est-à-dire homœogénésiques, leurs produits sont, au contraire, frappés de débilité, souvent ils meurent avant d'avoir atteint leur complet développement, voire même avant de naître.

D. Répartition des caractères paternels et maternels chez les hybrides. — Les opinions émises à ce sujet sont aussi divergentes et contradictoires que possible, ainsi qu'on va s'en rendre compte.

On croyait autrefois que le produit de tout croisement est exactement mi-parti dans l'ensemble et dans les détails. C'est ainsi que Pline affirme que les hybrides ne ressemblent jamais entièrement à leur père ni à leur mère, mais leur sont intermédiaires.

Avec Buffon prévaut une autre doctrine. Considérant toute génération sexuelle comme un croisement et dès lors ne faisant aucune différence entre hybrides, métis ou individus de race pure, il admet que le père donne les extrémités (tête, queue, membres), les caractères extérieurs (peau et poils), les organes des sens et le tempérament, tandis que la mère donnerait la taille et le volume, la forme du tronc, les organes intérieurs, la force, la vivacité et le caractère. En résumé, les organes de la vie de relation tiendraient surtout du père, ceux de la vie végétative ou de nutrition, de la mère. D'autre part, le père influerait plus que la mère sur les mâles; la mère plus que le père sur les femelles. Et s'il y a des différences dans la vigueur et le tempérament des deux individus accouplés, les produits auraient le plus de rapports avec celui des deux qui a le plus de vigueur et de force de tempérament. Ces conclusions paraissent avoir été inspirés par l'étude des mulets. Mais, comme cela lui est arrivé assez souvent, Buffon s'est contredit. Induit en erreur par la prétendue hybridation du bouc et de la brebis, qui donnerait, suivant lui, les mêmes produits que l'accouplement normal de la brebis avec le bélier, c'est-à-dire des agneaux, il conclut dans un autre passage de son *Histoire naturelle*, que la femelle influe beaucoup plus que le mâle sur les caractères spécifiques du produit, et il est amené ainsi à dire que le mulet ressemble plus à la jument qu'à l'âne et le bardeau plus à l'ânesse qu'au cheval; ce qui expliquerait que les mules soient plus souvent fécondes avec le cheval qu'avec l'âne et, conjecture-t-il, les bardelles plus avec l'âne qu'avec le cheval.

Lorsqu'il parle des quatre générations d'hybrides qu'il a obtenus par le croisement d'un chien braque avec une louve, il déclare que les mâles tiennent surtout de la louve, tandis que les femelles ressemblent davantage au chien, exception faite de la tête qui serait celle de la louve pour les femelles, du chien pour les mâles, en sorte que la tête et la queue seraient en opposition de provenance : à une tête de chien correspondrait toujours une queue de loup. Quant au pelage, dans les deux sexes, il paraît plus rapproché de celui du chien que de celui de la louve.

Pour Léopold Frish, les hybrides ou métis tiennent du père par la tête et la queue, de la mère par le reste du corps.

Pour Orton, le père transmet le cerveau, les nerfs, les sens, la peau, les membres; la mère les organes de nutrition, d'accroissement et de sécrétion.

Pour Chevreul, les caractères des hybrides sont toujours

mixtes, mais jamais rigoureusement moyens, tantôt plus rapprochés du côté paternel, tantôt plus rapprochés du côté maternel.

Pour Maupertuis, l'incertitude des caractères augmente en proportion de la distance des espèces croisées.

Aucune règle ne préside à cette répartition, déclare Edmond Perrier, qui fait remarquer que, dans une même couvée d'oiseaux, les hybrides, même homosexuels, sont rarement semblables.

Isidore Geoffroy Saint-Hilaire constate que les hybrides sont toujours mixtes : ils peuvent bien ressembler plus à l'un qu'à l'autre de leurs géniteurs, mais non exclusivement à l'un d'eux comme on l'observe souvent pour les produits issus de parents de même espèce et surtout de même race.

Godron, confirmant cette remarque, écrit que les hybrides sont moins variables que les métis et moins souvent qu'eux à ressemblance unilatérale[1].

Et Le Dantec, synthétisant l'idée, la formule en cette loi : *Dans un croisement quelconque* (et pour lui l'accouplement de deux individus de race pure est un croisement) *les produits sont d'autant plus homogènes que les parents sont plus hétérogènes.*

Les ressemblances uniparentales sont en effet très fréquentes dans les produits de race pure; elles le sont moins dans les métis, et elles ne s'observent jamais chez les hybrides. Mais Le Dantec commet une erreur manifeste lorsqu'il affirme que, s'il y a partage des caractères paternels et maternels, il se fait rigoureusement par moitié dans toutes les parties du corps. En réalité, la proportion du mélange est extrêmement variable suivant les parties du corps et suivant les individus ; d'où résultent d'assez grandes dissem-

[1] Godron, *De l'espèce et des races dans les êtres organisés*, Paris, 1872.

blances entre hybrides de même provenance, par exemple entre mulets. Mais si l'on observait des hybrides de même famille, c'est-à-dire issus du même père et de la même mère, ils seraient vraisemblablement plus homogènes, plus semblables entre eux que des frères et sœurs de même race. Il semble que, dans le croisement d'espèces, les caractères se fusionnent, tandis que, dans le croisement des races et, *a fortiori*, des individus de la même race, ils ont une particulière tendance à la ségrégation et partant, à s'éliminer les uns les autres ou à se juxtaposer en mosaïque.

La majorité des auteurs est d'avis que l'hérédité du père est prépondérante dans l'hybridation. Hugo de Vries déclare que les hybrides végétaux ont également « tendance à ressembler plus à leur père qu'à leur mère ». De là vient que l'interversion des facteurs change plus ou moins le produit ; en sorte qu'il est parfois possible, par le seul examen de celui-ci, de dire quelle est celle des deux espèces qui a fourni le mâle ou la femelle. Mais la question est complexe : il peut y avoir prépondérance d'une espèce, quel que soit le sens du croisement, prépondérance d'un sexe s'accordant avec celle de l'espèce ou tendant à la neutraliser, enfin prépondérance inhérente à l'individu, quels que soient son sexe ou son espèce. Et peut-être y a-t-il encore à considérer le sexe du produit : certains auteurs prétendent que l'hérédité est croisée, les femelles ayant tendance à ressembler davantage à leur père qu'à leur mère, les mâles davantage à leur mère qu'à leur père ; d'autres au contraire, considérant les oiseaux en particulier, disent que les ressemblances sont plutôt homosexuelles, c'est-à-dire de père à fils et de mère à fille.

En résumé, il n'est pas de questions plus embrouillées que celle de l'hérédité dans les croisements, quels qu'ils soient. On a espéré un instant en trouver la clef dans le mendélisme; mais il est fort souvent en défaut[1]. Tant de facteurs entrent en jeu qu'il est bien difficile de les démêler. Il faudrait reprendre la question *ab ovo*, méthodiquement, étudier les produits de chaque hybridation, dans l'un et l'autre sens, en analyser avec soin les caractères externes et internes, sur un nombre suffisant d'individus des deux sexes, en les comparant avec ceux des parents, de manière à voir comment sont répartis les caractères de ceux-ci. S'il y a des règles qui président à cette répartition, il est fort possible qu'elles ne soient pas les mêmes dans toutes les hybridations ; rien ne permet d'affirmer *à priori* que ce qui se passe dans un cas se répète dans les autres.

Il y a déjà longtemps qu'avec mon regretté collègue et ami, Cornevin, nous nous sommes efforcés d'apporter une contribution à ce vaste programme en étudiant, avec plus de soin qu'on n'y en avait mis jusqu'alors, au double point de vue morphologique et anatomique : 1° les mulets et bardeaux comparativement au cheval et à l'âne; 2° le mulard, comparativement au canard ordinaire et au canard musqué; 3° le chabin, comparativement au mouton et à la chèvre; 4° le léporide, comparativement au lièvre et au lapin.

Rappelons nos conclusions relatives à ces deux derniers animaux, toujours cités pour leur fécondité indéfinie : en réalité, ce ne sont que des moutons ou des lapins, et la possibilité de croiser fructueusement mouton et chèvre ou lièvre et lapin reste à prouver. En admettant même l'origine hybride des chabins et des léporides, leur eugénésie perdrait toute importance puisqu'il y aurait eu retour pur et simple à l'une des souches. Voilà donc deux prétendues espèces intermédiaires l'*ovicapre* et le *lepus Darwini* à rayer définitivement de la nomenclature zoologique.

[1] Voy. G. Loisel, Expériences sur l'hérédité de la loi de Mendel (*Congrès de l'A. F. A. S. Cherbourg*, 1905.

Analysons maintenant avec quelques détails les ressemblances des hybrides les mieux connus.

1° *Mulet.* — Le mulet est beaucoup plus grand que son père, souvent presque de la taille et du volume de sa mère. Il a la tête longue et volumineuse, les naseaux peu dilatés avec l'égout lacrymal et la fausse narine de l'âne, les arcades sourcilières larges et proéminentes comme celles de ce dernier animal, les oreilles parfois aussi longues que celles de l'âne, mais ordinairement de dimensions intermédiaires, l'encolure droite, tenant par son port et sa musculature de celles des deux parents; la crinière très variable, ordinairement peu fournie, parfois presque nulle, le garrot peu sorti, mais toujours marqué, le dos plus ou moins tranchant, droit ou convexe, la croupe courte, inclinée de chaque côté, souvent étroite et pointue en arrière, parfois aussi musclée que celle du cheval; le poitrail et la poitrine plus ou moins serrés; le ventre plutôt ample; le train de derrière ordinairement peu musclé, la queue tombante, moins aplatie et moins garnie de crins à la base que celle du cheval, ceux-ci droits, jamais ondulés comme dans ce dernier; les organes sexuels mâles sont volumineux avec deux mamelons bien prononcés à l'entrée du fourreau; les extrémités sont fines, rarement pourvues de ces touffes de poils grossiers que l'on observe aux boulets et aux tendons des chevaux communs; les pieds sont étroits, creux, plus ou moins aplatis latéralement, à talons hauts, d'une grande sûreté; les châtaignes antérieures sont saillantes et rugueuses; les postérieures petites, rudimentaires ou absentes; les proportions générales se rapprochent de celles de l'âne par la brièveté des régions supérieures des membres. Le mulet a une physionomie peu intelligente, sombre; il est comme l'âne, peu apte à la course et aux allures enlevées; sa voix n'est ni le hennissement du cheval, ni le braiment de l'âne; il a de son père la sobriété, la rusticité, la résistance aux maladies, le caractère moral et le tempérament ; il en a aussi les défauts dont le principal est d'être têtu et revêche, parfois difficile et même dangereux à conduire. Sa peau est dure comme celle de l'âne. Sa robe, sans être aussi variée que celle du cheval, l'est beaucoup plus que celle de l'âne ; elle est le plus souvent noire, bai brun, alezan brûlé, grise ou isabelle, souvent marquée de la croix dorsale de l'âne. Les taches d'albinisme (ladre, marques en tête, balzane, plaques de pie) y sont aussi peu connues que chez ce dernier animal ; on a cependant cité des mulets albinos. Comme animal de boucherie, le mulet tient aussi de l'âne ; il est de bonne nutrition et de facile entretien, pourvu généralement d'une graisse abondante qui s'accumule sous la séreuse du ventre, dans les mésentères, les épiploons, mais peu sous la peau[1].

Au point de vue anatomique, le mulet participe aussi beaucoup plus de la souche paternelle que de la maternelle, mais avec d'assez grandes fluctuations dans un sens ou dans l'autre. La tête osseuse tient principalement de l'âne par les orbites, les dents, les sinus maxillaires ; les autres parties vont d'un type à l'autre d'une manière variable suivant les individus, en confinant toutefois plus souvent au type caballin, surtout par la longueur de la face et l'indice cranio-facial.

La formule vertébrale est tantôt celle de l'âne (cinq vertèbres lombaires), tantôt celle du cheval (six vertèbres lombaires), peut-être plus souvent cette dernière. Par leurs formes, les vertèbres offrent un mélange en proportion

[1] Lesbre, Etudes hippométriques: proportions extérieures et squelettiques des chevaux, ânes et mulets (*Journal de Méd. vét. et de Zoot.*, 1901, et *Ann. Soc. Agr.*, Lyon, 1903). — Lesbre et Panisset, Applications de l'anatomie à l'inspection des viandes de boucherie : cheval, âne et mulet (*Bulletin Soc. des sc. vétér. de Lyon*, séance du 2 juillet 1910). — Porcherel, Etudes métriques du mulet (*Journal de Méd. vét. et de Zoot.*, 1920).

variable des caractères des deux parents, et il en est de même pour les côtes, le sternum et les os des membres; toutefois ceux-ci nous ont paru plus voisins de l'âne que du cheval, notamment par les rapports de leurs dimensions.

Les muscles offrent la plupart des traits de ceux de l'âne; couleur foncée et comme violacée, atrophie de l'extenseur latéral des phalanges dans la région antibrachiale, absence de la bride tarsienne du tendon perforant, développement considérable des peaussiers de la tête, particulièrement des muscles de la conque auriculaire.

Quant aux viscères, ils participent de ceux des ascendants d'une manière assez variable.

En résumé, il n'est pas douteux que le mulet, quoique essentiellement composite et différent d'un individu à l'autre, soit plus près de l'âne que du cheval, contrairement à l'opinion de Buffon. Du premier, il a les pieds, les dents, les facultés de digestion et d'assimilation, les sens, le caractère, la résistance vitale et toute l'idiosyncrasie; il en a aussi plus ou moins la gracilité des membres et la brièveté de leurs rayons proximaux (épaule et bras, croupe et cuisse). Du second il approche de la taille et de la force. De l'un et de l'autre, mais en général plus de l'âne que du cheval, il tire ses caractères extérieurs, sa conformation et sa structure.

Cette répartition ne nous a pas semblé différente dans les deux sexes.

Il convient de remarquer que la plupart des traits de la conformation sont mixtes, mais la fusion qu'ils révèlent est de proportion fort inégale : c'est un amalgame variable suivant les parties et aussi, pour la même partie, suivant les individus.

2° *Bardeau.* — Nous ne sommes pas sûr d'avoir jamais vu un bardeau authentique. Cet hybride est extrêmement rare dans nos pays, les éleveurs préfèrent produire le mulet, qui est plus grand, plus fort et, dit-on, moins indocile. Voici le portrait qu'en donne Colin d'Alfort, dans son *Traité de Physiologie :*

« Le bardeau est toujours moins grand que le mulet, il a la tête fine, bien proportionnée, ressemblant beaucoup à celle du cheval ; ses oreilles ne sont guère plus longues que celles de ce dernier et se trouvent dressées ; les sourcils et les arcades orbitaires sont saillants, les naseaux assez dilatés avec une fausse narine diverticulée ; la crinière est passablement fournie, ses crins assez longs pour retomber sur l'un des côtés de l'encolure ; le dos et le rein sont droits et tranchants, la croupe étroite, effilée en arrière, la queue garnie dès la base de crins longs et touffus ; les pieds ressemblent à ceux du mulet, mais ils sont plus larges, toutes proportions gardées ; les organes génitaux sont très développés et les deux mamelons du fourreau très longs ; la peau est mince, les poils d'une couleur uniforme et foncée, rarement d'une teinte jaune ; les châtaignes ont la forme d'une plaque mince, elles manquent exceptionnellement aux tarses. Le naturel, la voix, la constitution, les qualités et les défauts sont à peu de chose près ce qu'ils sont chez le mulet ».

En résumé, si cette description est exacte, l'extérieur du bardeau serait plus rapproché du cheval que celui de l'âne, tout en présentant encore une majorité de caractères asiniens, notamment la saillie des arcades orbitaires, l'état diverticulé de la fausse narine, la forme du dos et de la croupe, les mamelons du fourreau, le caractère et le tempérament. Les pieds eux-mêmes, quoique un peu plus larges que ceux du mulet, seraient encore plus voisins de l'âne que du cheval. La ressemblance caballine serait surtout prononcée au train antérieur, tandis que le train postérieur, à l'exception de la queue, serait plus proche de l'âne.

L'examen d'un squelette faisant partie des collections de

zootechnie de l'Ecole Vétérinaire nous a permis de constater que, contrairement aux apparences extérieures, la tête osseuse du bardeau ressemble à peu près exactement à celle d'un âne, ce dont il n'y a pas lieu d'être surpris puisque dans le mulet il est également de règle que, dans son ensemble, elle soit plus voisine de la mère que du père.

A cela se bornent nos connaissances sur le bardeau, elles sont trop incomplètes et incertaines pour asseoir des conclusions. Il y a d'ailleurs des raisons de penser que plus d'une fois on a pris pour des bardeaux de petits mulets qui avaient la tête moins lourde et mieux portée que d'ordinaire, les oreilles moins longues et dressées, les crins abondants à l'encolure et à la queue. Il serait intéressant de reprendre cette étude dans les conditions d'authenticité nécessaires afin de dégager autant que possible, par comparaison avec le mulet, l'influence de l'interversion des facteurs paternel et maternel sur les produits.

En considérant comme approximativement exacte la description donnée par Colin, et comme authentiques les photographies et le squelette que nous avons eus entre les mains, nous ne conclurions pas, comme on le fait généralement, que le bardeau soit plus voisin du cheval que de l'âne, mais qu'il est plus voisin du cheval que ne l'est d'ordinaire le mulet, tout en présentant encore une majorité de caractères asiniens. Il semble que, dans l'hybridité des deux espèces chevaline et asine, quel qu'en soit le sens, il y ait toujours prépondérance de l'espèce asine, et que le facteur sexe, tout en exerçant une influence, soit ici dominé par le facteur espèce. C'est aussi l'avis de Colin.

3° *Equidé issu d'une mule féconde et d'un cheval.* — Nous avons déjà eu lieu de citer dans ce mémoire une mule arabe achetée par le Jardin d'Acclimatation qui avait eu six gestations successives, quatre avec le même cheval et deux avec un âne (voy. p. 27). C'est sur l'une de ses filles, *Hippone*, qui avait eu pour père un cheval barbe, qu'ont porté nos investigations. Elle avait été elle-même fécondée par un cheval japonais, mais n'avait engendré qu'un produit débile qui mourut peu après la naissance. Elle ressemblait tout à fait, extérieurement, à son père, le cheval barbe, et il en était de même, d'après Saint-Yves Ménard, pour ses frères et sœurs du même père. Quant à ses frères utérins, qui avaient eu pour père un âne d'Egypte, ils ressemblaient absolument à des mulets *(sic)*. La voix d'*Hippone* était une sorte de gémissement sourd. Soumise, après sa mort, à une minutieuse étude anatomique ayant porté sur les parties molles et sur le squelette, elle nous a montré quelques rares caractères, notamment dans le larynx, l'hyoïde, le bassin, le développement sous-cutané et sous-péritonéal du tissu adipeux, témoignant d'une certaine persistance d'hérédité asinienne ; mais les pieds, les dents, la robe, les narines, les sinus maxillaires, les muscles, les viscères et la plupart des os étaient essentiellement caballins Les ovaires et tout le tractus génital n'offraient rien d'anormal.

En résumé, les caractères asiniens, quoique prépondérants sans doute dans la mère comme ils le sont plus ou moins chez tous les mulets, n'avaient pas résisté à l'effet d'un deuxième croisement avec le cheval et s'étaient tellement effacés morphologiquement et anatomiquement qu'aucune personne non prévenue n'aurait pu soupçonner qu'*Hippone* n'était pas une pure jument. Et toutes les observations consignées dans les annales de la science de mules fécondées par un cheval confirment que les produits ressemblaient tout à fait à leur père. Mais, chose remarquable, ces mules, trois-quarts de sang cheval, bien que semblables à des juments, livrées à l'étalon, offrent encore la dysgénésie des hybrides.

Un autre fait, non moins digne d'être noté, est que les

frères utérins d'*Hippone*, procédant du croisement d'une mule arabe avec un âne d'Egypte, avaient l'un et l'autre conservé le caractère mixte des mulets au lieu de faire retour au type paternel, comme *Hippone*. Est-ce le simple fait du hasard d'une ségrégation mendélienne ? C'est peu probable. Il semble que les caractères caballins, quoique non prépondérants dans l'hybridité qui nous occupe, sont plus tenaces et partant plus difficiles à éliminer que les caractères asiniens.

3° *Hybrides de cheval × zèbre.* — En 1897, le professeur Ewart, d'Edimbourg, ayant accouplé plusieurs juments avec un zèbre, obtint quatre mulets dits *zébroïdes*, stériles dans les deux sexes, dont il analysa ainsi les caractères : « Ils diffèrent de leurs mères respectives par les raies de leur pelage, et de leur père commun par le nombre et l'arrangement de ces raies. Ils tiennent de ce dernier par les narines, les sabots et les chataignes (à l'exception de l'un d'entre eux qui porte une châtaigne aux deux membres postérieurs). Les mâles ont deux tétines rudimentaires. Le format de ces hybrides est intermédiaire, ainsi que les dimensions de leurs oreilles et les caractères du cou, du garrot, du train postérieur, de la crinière et de la queue. La tête est quelque peu longue. » (*The Veterinarian*, novembre 1897.) Si brefs que soient ces renseignements, il apparaît bien qu'ici encore il y ait eu prépondérance du père. Est-ce en tant que mâle ou en tant que zèbre? Il faudrait, pour répondre à cette question, connaître le produit du croisement inverse, c'est-à-dire de l'étalon avec la femelle du zèbre.

En 1911, Ivanoff obtint aussi des zébroïdes et constata leur stérilité.

4° *Hybrides d'âne × zèbre.* — On lit dans Brehm qu'on obtint à Paris d'un âne d'Espagne et d'une femelle de zèbre un mulet dit zébrule qui ressemblait plus à son père qu'à sa mère.

5° *Hybrides de couagga × jument.* — Un couagga ou un daw (on ne sait au juste) ayant sailli une jument arabe bai châtain appartenant à lord Morton engendra une pouliche qui présentait quelques bandes transversales au cou, au garrot et sur les membres, avait une queue intermédiaire à celle du cheval et du couagga, et pour le reste ressemblait plus à sa mère qu'à son père. Cette même jument, saillie plus tard par un étalon arabe, donna successivement trois pouliches qui avaient la crinière dressée et quelques zébrures sur le corps et les membres : fait souvent cité à l'appui de la télégonie ou imprégnation maternelle.

6° *Hybrides d'âne × hémione ou de cheval × hémione.* — D'après G. Colin, le produit obtenu au Jardin des Plantes entre l'hémione mâle et l'ânesse ressemblait beaucoup plus à son père qu'à sa mère ; il en avait la robe, la physionomie, le port, les proportions, la forme gracieuse de la tête, les oreilles, les yeux, les naseaux, la croupe, les pieds. Cornevin a fait la même constatation sur un autre sujet.

D'un autre côté Brehm parlant d'un hybride d'hémione × jument dit qu'il était plus grand et plus robuste que les hémiones de même âge, mais qu'il s'en rapprochait beaucoup par les dispositions générales de ses couleurs, sa teinte étant café au lait brun au lieu d'être d'un jaune fauve extrêmement clair. Il ajoute que la tête était petite pour le corps, moins busquée que celle de l'hémione, que le front était plus aplati, les oreilles plus courtes, que le museau était décoloré jusqu'à 4 ou 5 centimètres au-dessus des naseaux, que la crinière était noire, droite, plus courte que celle de l'hémione, qu'il existait une bande dorsale foncée, que la queue était fournie à partir de sa base, enfin que le dessous du corps et la face interne des membres étaient complètement décolorés.

De tout cela on peut conclure que, dans les deux cas, la

répartition des caractères s'était faite sensiblement comme dans les mulets proprement dits.

7° *Hybrides de bœuf × zébu.* — Nous ne connaissons un peu que ceux du zébu mâle avec la vache ; il paraît que le croisement inverse se pratique rarement.

En l'absence de renseignements demandés à M. Ducloux, directeur de l'élevage en Tunisie, et à M. Ginieis, directeur du haras de Sidi-Tabet, qui ne nous sont pas encore parvenus, nous devons nous borner à ce qu'en ont dit M. Roger Marès dans son article sur les Bovidés exotiques en Algérie [1] et M. Dechambre dans son *Traité de zootechnie générale.*

La bosse disparaît dans ces hybrides, mais, en général, ils gardent du zébu la tête étroite et légère, la disposition des cornes, la finesse de la peau et de l'ossature, la sveltesse des membres, la brièveté du corps, la vaste poitrine, la forte musculature de la croupe et de la fesse. On les reconnaît aisément.

En somme, abstraction faite de l'absence de la bosse, ils paraissent tenir beaucoup plus des zébus que des taurins, et cela est très avantageux au point de vue zootechnique quand on a affaire à une population taurine rustique comme celle du nord de l'Afrique; le rendement en viande se trouve considérablement amélioré par le croisement avec le zébu.

Bien que les hybrides en question se reproduisent entre eux, les éleveurs se bornent à ceux de premier sang, c'est-à-dire qu'ils pratiquent le croisement et non le métissage. Cela porte à douter que l'on puisse créer une race intermédiaire de quelque stabilité. Il serait intéressant de poursuivre la reproduction *inter se* pendant une série de générations, et aussi de comparer les hybrides obtenus d'une inversion de croisement.

[1] Journal *l'Agriculture Nouvelle*, juin et juillet 1898.

8° *Hybrides de bison × vache.* — D'après Raffinesque *(loc. cit.)*, ils ont la couleur, la tête et la demi-toison du bison, avec son dos incliné. C'est assez dire qu'ils ressemblent beaucoup plus à leur père qu'à leur mère. Mais on peut se demander si ce n'est pas l'espèce bison qui domine plutôt que le sexe. Il faudrait, pour en juger, connaître le produit du croisement inverse, c'est-à-dire du taureau avec la bisonne, et nous n'en avons aucun exemple.

9° *Hybrides de bœuf et d'yack.* — Nos renseignements sur ces hybrides sont peu précis. Cornevin se borne à en dire qu' « ils sont plus vigoureux, plus forts que l'yack, plus rustiques que le bœuf; aussi exécutent-ils tous les travaux agricoles des contrées où on les produit et où on les apprécie comme chez nous le mulet ». Aucun détail sur la conformation ni sur les différences que peut produire le renversement du croisement; il doit cependant y en avoir puisqu'on se sert d'appellations différentes pour désigner les produits du taureau avec l'yack femelle et ceux de l'yack mâle avec la vache.

Nous ne sommes pas mieux renseigné sur les hybrides yack × zébu, bison × aurochs et autres produits de croisement de Bovidés.

10° Pour ce qui est des *hybrides d'Ovidés*, nous rapporterons pour mémoire ce qu'a écrit Colin touchant ceux du bouc avec la brebis, car leur existence même est à démontrer. « Les neuf que Buffon obtint (dont sept mâles) avaient plus de rapports avec l'espèce du père qu'avec celle de la mère. Ils avaient les poils bruns, longs et rudes du bouc, surtout sous le ventre, près du fourreau, aux pieds de derrière, leur chanfrein était moins arqué, leur queue plus courte et leurs membres plus longs que ceux du mouton. Ils avaient quatre mamelons, deux de chaque côté. »

D'après Brehm, le produit du bouquetin et de la chèvre a

les cornes noueuses, le front élevé, le port et le pelage du bouquetin avec des marques fréquentes venant de la chèvre. A quatre ans et demi les mâles de la deuxième génération ont la taille et la force du bouquetin. A la troisième génération, ils s'en distinguent à peine. Nous avons dit que ces hybrides se reproduisent entre eux.

11° Quant aux *hybrides de Camélidés*, tout ce que nous savons de leur ressemblance se rapporte au produit des deux espèces de chameaux et particulièrement du chameau à deux bosses avec la chamelle à une bosse. D'après M. Pognon consul d'Alep, cet hybride n'a qu'une bosse comme sa mère, mais il est plus grand, plus fort et a les pieds, le pelage et le tempérament de son père.

12° *Hybrides de sanglier × porc.* — Le professeur Dechambre rapporte dans son *Traité de Zootechnie générale* que les collections de l'Ecole de Grignon possèdent la dépouille naturalisée d'un hybride adulte provenant d'une truie Berkshire saillie par un sanglier : l'animal a le pelage noir, la tête fine, à profil rectiligne, à oreilles courtes, pointues et dirigées en haut, il ressemble beaucoup au sanglier. Le même auteur dit avoir observé au pénitencier agricole de Chiavari, en Corse, pays où les porcs vont aux champs et dans les bois, une portée de porcelets âgés de six semaines, donnés comme issus d'un accouplement avec le sanglier ; tous ces petits portaient la livrée caractéristique des marcassins; mais rien ne prouve qu'ils provenaient d'un croisement des deux espèces ; n'étaient-ce pas de purs marcassins ou bien des porcelets anormaux de robe ?

Il y a quelques années, M. Paris, vétérinaire à la Haye du Puits (Manche), a fait connaître l'observation d'une truie normande saillie par un sanglier et ayant donné sept petits qui, jusqu'à l'âge de trois mois, offrirent un pelage rayé de bandes longitudinales parallèles comme les marcassins, et qui conservèrent ensuite tous les caractères des sangliers : tête longue, étroite, de profil droit, oreilles petites et dressées, soies roussâtres, hérissées sur la ligne du dos, etc. Thierry a conclu aussi de ses observations que les caractères du sanglier « tendraient plutôt à se reproduire et à se perpétuer par l'accouplement des hybrides que ceux du porc domestique ». Il faut remarquer toutefois que les six petits obtenus à l'Ecole de Grignon par l'accouplement d'une truie avec un sanglier avaient tous six vertèbres lombaires comme leur mère. Il n'en reste pas moins, d'une manière générale, que, dans le croisement du sanglier avec la truie, c'est le père qui domine. Il est regrettable que l'on n'ait aucune donnée sur le croisement inverse. Cornevin raconte que, pendant trois ans, une laie, capturée jeune dans une forêt de la Haute-Marne, fut entretenue à la ferme de l'Ecole Vétérinaire de Lyon et mise en rapport, chaque fois qu'elle parut manifester des chaleurs, avec des verrats de race craonnaise, yorkshire, essex, berkshire ; jamais elle ne conçut.

13° *Hybrides de carnivores.* — Nous ne connaissons des traits de ces hybrides que ce qu'en ont dit Buffon pour ceux du chien et du loup, Flourens pour ceux du chien et du chacal, Malet pour ceux du renard et du chien.

Les hybrides décrits par Buffon provenaient de l'accouplement d'un chien braque et d'une louve. Le mâle de première génération ressemblait beaucoup au loup par son naturel, sa voix, sa queue, ses oreilles, son pelage et les proportions de son corps ; au chien par la forme de sa tête, ses yeux et la hauteur de son train de derrière. La femelle de même génération avait plutôt le naturel, la voix, la queue, la hauteur de jambes du chien, la tête, le pelage et les oreilles du loup. Ils engendrèrent un mâle farouche et sauvage, à queue longue et pendante et à jambes coudées comme le loup, lui ressemblant aussi par le pelage, mais ayant la tête, les yeux et les oreilles du chien braque, et une femelle ayant le naturel et la queue d'un chien, la tête et les yeux d'un loup, un pelage mixte, mais plus près du loup. D'une troisième génération il ne resta qu'une femelle qui avait beaucoup plus de ressemblance avec le loup qu'avec le chien, sauf en ce qui concerne les yeux. Il en fut de même pour les petits d'une quatrième génération ; la femelle toutefois avait les oreilles un peu tombantes et un pelage se rapprochant de celui du chien.

En somme, dans la série de ces produits successifs, le loup avait manifestement dominé le chien, surtout chez les mâles; il avait notamment transmis ses extrémités, à l'instar de l'âne dans l'hybridation qui donne naissance au mulet ou au bardot.

D'un autre croisement d'un chien avec une louve naquirent trois petits, dont deux mâles, tenant de leur mère par leur forme générale, la nature de leurs mouvements, leurs instincts et leur aversion pour les hommes et les chiens, et une femelle plus rapprochée du père.

Pallas dit avoir vu à Moscou vingt chiens-loups qui ressemblaient surtout au loup, sauf qu'ils portaient la queue plus haut et qu'ils avaient une sorte d'aboiement rauque.

Dans l'accouplement du chien et du chacal, l'espèce sauvage exerce encore sur le produit l'action prépondérante. C'est ainsi que les hybrides obtenus par Flourens du chacal et de la chienne avaient les oreilles droites, la queue pendante, n'aboyaient pas, avaient les allures brusques et farouches. Leur pelage, comme celui des animaux sauvages, comprenait un poil laineux et un poil soyeux. Leur première dentition marcha plus vite que celle des petits chiens. L'un d'eux était gris fauve comme le père ; les deux autres avaient un pelage noir qui tirait sur celui de la mère. Les femelles, croisées d'une manière continue avec des chiens, ont donné des produits qui se rapprochèrent de plus en plus du chien et, à la quatrième génération, se confondirent tout à fait avec lui.

Quant aux hybrides de renard et de chienne, nous nous abstiendrons d'analyser leur ressemblance, car leur existence est à prouver.

14° *Hybrides de rongeurs.* — Nous n'avons quelques renseignements que sur les produits du cobaye domestique avec des cobayes sauvages et du rat avec la souris. L'hybride rat-souris a été obtenu par Ivanoff au moyen de la fécondation artificielle ; il était d'une taille supérieure à celle des souris du même âge ; il en avait la conformation des membres et l'habitus général, tandis que le reste de la conformation, notamment le port des oreilles, rappelait le père.

Quant aux produits obtenus par MM. Blaringhem et Prévôt en croisant des cobayes mâles sauvages des espèces *cutleri* et *aperea* avec des cobayes domestiques, voici ce qu'en ont dit ces auteurs : « Les mâles cutleri, de pelage roux uniforme (agouti doré), ont donné avec une première femelle de même couleur trois petits roux marqués de blanc aux extrémités, un gris moucheté de blanc et enfin deux semblables à la mère ; avec une deuxième femelle, de couleur blanche, deux petits, albinos, à oreilles légèrement teintées de brun ; avec une troisième femelle, angora, deux petits, blancs à poils courts. Les mâles aperea, de pelage gris cendré, ne produisirent avec des cobayes domestiques qu'après deux ans d'acclimatement ; tous les petits qu'on en obtint avaient le pelage agouti doré du cutleri, tandis que leurs mères étaient blanches. Cette dissemblance ne peut s'expliquer que par l'atavisme, le cobaye cutleri étant probablement la souche du cobaye domestique. En somme, sur 15 petits, 11 avaient la livrée du cutleri, 4 étaient albinos comme leurs mères; l'albinisme a été dominant avec le cutleri, tandis qu'il a été dominé avec l'aperea, non pas par la couleur de celui-ci, mais par une couleur d'un ancêtre de la mère ».

15° *Hybrides d'Oiseaux.* — Exception faite pour le mulard que nous avons spécialement étudié avec Cornevin, on n'est pas mieux renseigné sur les hybrides d'oiseaux que sur ceux de mammifères au point de vue de la répartition des caractères paternels et maternels. Voici cependant quelques données puisées aux meilleures sources :

Vers 1875, le Jardin des Plantes de Toulouse possédait un hybride mâle d'un coq noir du Lauraguais et d'une pintade commune, ainsi décrit par M. le comte de Saint-Quentin dans le *Bulletin de la Société nationale d'Acclimatation*, en 1906 : « Dans la partie médiane du corps et de l'arrière-train, l'animal rappelle un peu plus la pintade que le coq. Le cri d'appel est à peu près identique à celui de la pintade mâle. Mais la paternité du coq s'affirme par des caractères très précis : camail pareil à celui de tous les coqs, éperons en bas des tarses, queue plus longue que celle de la pintade bien que dépourvue de faucilles et inclinée vers le sol comme dans l'espèce maternelle. Le fond du plumage est d'un beau noir, mais le camail et les plumes de recouvrement de l'aile présentent des reflets brillants d'un brun rougeâtre. Les taches blanches arrondies des plumes de la pintade ont complètement disparu ou plutôt se sont profondément modifiées : elles sont remplacées par d'étroites et fines rayures transversales de couleur blanche ou jaune brillant, ayant quelque analogie avec le plumage coucou de certaines races de poules. La tête est complètement dépourvue de crête et de barbillons. Les petites caroncules latérales de la pintade sont à peine indiquées; les narines sont entourées d'une peau nue et rougeâtre qui s'étend jusqu'à la commissure du bec. Les pattes sont grises comme chez le coq. L'apparence générale de cet hybride peut se résumer ainsi : corps de pintade, tête et cou de chapon ».

Van Kempen a décrit la même année dans le même journal l'hybride inverse issu d'une pintade mâle avec une poule de Houdan. L'aspect de cet oiseau était semblable à celui du précédent ; il n'avait ni crête, ni barbillons, le dessus du corps était brun, strié de roux, et, sous le cou, se voyait une longue bavette blanche.

Les hybrides de dindon et de poule sont moins gros que leur père, plus forts que leur mère, de plumage assez joli et très varié. Tantôt les mâles adultes ont des caroncules comme les dindons, tantôt ils en sont dépourvus, leur tête ressemblant à celle de la poule.

Quant aux coquarts, ils sont moins farouches, moins élégants que les faisans, ont moins de tendance à s'éloigner des maisons forestières ; ils tiennent assez bien le milieu, par leur aspect extérieur, entre les deux souches parentes, cependant ils rappellent davantage le faisan, surtout par la tête. Un faisan de Mongolie croisé avec une poule négresse donna des produits dont les muscles et les os étaient noirs comme ceux de la mère.

Le professeur Trouessart a décrit deux hybrides mâles de paon et de poule cochinchinoise (voir *C. R. Acad. des Sc.*, 1907). Ils ressemblaient à des paons, mais la disposition des plumes caudales ne leur permettait pas de faire la roue ; de plus, ni l'un ni l'autre n'ont jamais émis le cri du paon. Il arrive souvent que, dans les basses-cours, le paon côche des poules ; néanmoins on ne connaissait pas, avant la relation de M. Trouessart, d'hybride de ces deux espèces de gallinacés.

L'hybride signalé par Méral entre une bartavelle et une

poule bentam avait la tête de la perdrix et les parties inférieures de la poule.

Un hybride de faisan doré et de perdrix rouge avait la taille d'un pigeon, le plumage rouge clair uniforme, les pattes rouge vif, la queue à longues pennes arquées; c'est-à-dire le buste du père monté sur les pattes de la mère (Cornevin).

Arrivons maintenant au mulard, produit du canard de Barbarie et de la cane commune; très exceptionnellement, du canard commun et de la cane de Barbarie. C'est un oiseau qui a la rusticité, la facilité d'élevage et d'engraissement, le poids élevé du canard musqué, dont la chair est plus délicate et n'a pas ou possède à un degré peu prononcé l'odeur *sui generis* de ce dernier (voir Cornevin et Lesbre, Etude comparée des canards de Barbarie, de Rouen, sauvage et mulard, *Soc. d'Agriculture, Sciences et Industrie de Lyon*, 1895).

Nous en avons fait l'étude sur un mulard mâle provenant du croisement d'un canard de Barbarie *(anas moschata)* avec une cane de Rouen *(anas boschas)*, en le comparant organe par organe avec un canard musqué, un canard de Rouen et un canard sauvage — ce dernier à titre d'ancêtre des formes domestiques d'*anas boschas*.

Après avoir déterminé avec soin les différences spécifiques des deux souches croisées, il nous a été possible de dégager leur mode de répartition dans le mulard. Et voici nos conclusions à ce sujet :

« Quoique essentiellement composite, le mulard tient beaucoup plus de son père, le barbarin, que de sa mère, la cane rouennaise. Un grand nombre de caractères ont été empruntés tels quels ou presque au barbarin; d'autres représentent un mélange en proportions variées, où le barbarin domine souvent; d'autres, enfin, sont tirés de la souche normande à peu près exclusivement.

« Par la quantité de plumes et de duvet, par le rapport de la plume au poids du squelette, par les proportions générales du corps, le croupion et les rectrices, par la conformation du crâne, le nombre et la forme des vertèbres, ainsi que des côtes, par le coxal et son acétabulum, par les muscles, par les narines, le volume et le poids du poumon, la température du corps, etc., le mulard tient surtout du barbarin.

« Par le bec, la langue et le reste de l'appareil digestif, il se place entre les deux parents, ici plus près du barbarin, là plus près du normand. Il est aussi intermédiaire par son poids, par le rapport du poids du squelette au poids vif et par la forme de la trachée et du tambour.

« Enfin le mulard tient principalement du rouen par la musculature de ses pattes, par le rapport de longueur de l'aile emplumée et de l'aile déplumée, par la couleur de l'iris et la couleur du plumage, principalement à la tête et au miroir de l'aile ».

Ces conclusions concordent en somme avec celles déjà formulées pour le mulet. Mais il reste à savoir si la prépondérance constatée en faveur du canard de Barbarie est d'ordre sexuel ou spécifique. Pour en juger, il faudrait reprendre l'étude que nous venons de faire avec un mulard issu d'un croisement interverti, c'est-à-dire d'un mâle d'*anas boschas* et d'une femelle d'*anas moschata*, et voir s'il y a entre les deux hybrides des différences analogues à celles constatées entre le mulet et le bardeau. C'est ce qu'il ne nous a pas été donné de faire, car ledit croisement est des plus difficiles à obtenir.

***

Jetons maintenant un coup d'œil d'ensemble sur l'amas de documents que nous venons d'exposer. Il est bien difficile d'en dégager des conclusions générales, à l'abri de toute objection. Il semble cependant que les hybrides aient plus de tendance à ressembler à leur père qu'à leur mère au quadruple point de vue de la conformation, de la structure et surtout du tempérament et du caractère moral. De Vries est arrivé à la même conclusion, touchant la prépondérance de l'élément mâle en ce qui concerne les hybrides végétaux. Mais la question est plus complexe qu'on est porté à le croire de prime abord, attendu que le sexe du géniteur n'est pas seul en cause dans cette répartition, le sexe des produits peut intervenir et, plus encore, la puissance héréditaire relative des deux espèces et même des deux individus croisés. Une espèce peut dominer l'autre, quel que soit le sexe qui la représente. N'est-ce pas ce que l'on observe, pour l'espèce asine, dans le croisement de l'âne et du cheval? En général, est prépondérante l'espèce la plus ancienne, la plus fixe ou la moins éloignée de l'état de nature, comme l'est l'espèce type relativement à ses variétés. Les instincts les plus caractérisés ou les plus violents, l'idiosyncrasie la plus formelle ont le plus de chances de s'affirmer. C'est ainsi que l'animal sauvage prime ordinairement l'animal apprivoisé ou domestiqué. Il y a en outre à tenir compte, toutes choses égales d'ailleurs, de la puissance héréditaire individuelle ; il existe dans l'hybridation, comme dans tout croisement sexuel, des individus qualifiés de bons raceurs, qui dominent presque à coup sûr leurs conjoints pour la transmission de leurs caractères. Dans un cas donné, il est impossible de faire la part de toutes ces influences : espèce, sexe du géniteur, sexe du produit, individualité, etc. La répartition des caractères paternels et maternels, variable dans les hybrides issus d'un même croisement spécifique, l'est encore davantage quand on considère des hybrides de diverses origines ; mais il y a toujours mélange des caractères ;

jamais un hybride ne ressemble exclusivement à l'un de ses ascendants, comme cela se voit si souvent dans les croisements d'individus de même espèce et surtout de même race ; et ce mélange s'observe dans la plupart des parties du corps, non pas par moitié, comme le soutenait Le Dantec, mais en proportion extrêmement variable, suivant les régions et les individus. Il est peu de parties, s'il y en a, qui soient à ressemblance purement unilatérale : celles qui, à première vue, paraissent telles, comme les pieds du mulet, présentent presque toujours, quand on y regarde de plus près, quelque trace de l'autre hérédité. Il semble que les hybrides soient de tout leur être intermédiaires à leurs parents, ce qui ne veut pas dire moyens.

Dans les métis et plus encore dans les produits de race pure, la ressemblance parentale est souvent unilatérale; quand elle est bilatérale les caractères sont juxtaposés plutôt que fusionnés ; en sorte qu'ils se dissocient facilement dans les générations suivantes. Ce n'est qu'au prix d'une sélection méthodique longtemps poursuivie, que l'on peut arriver à empêcher cette ségrégation et à créer une race mixte ; encore arrive-t-il souvent que les caractères de celle-ci sont nouveaux plutôt qu'empruntés aux races parentes, car c'est un fait bien connu des horticulteurs et des agriculteurs que le croisement est un moyen de déclencher des mutations et d'obtenir de nouvelles variétés. Beaucoup d'auteurs prétendent que le retour à l'une ou à l'autre des souches croisées est fatal chez les descendants des métis, mais cette opinion n'est pas acceptée généralement en zootechnie et en anthropologie. D'ailleurs les métis ne réalisent pas toujours une mosaïque, plus ou moins instable, de leurs caractères paternels et maternels, ils peuvent être vraiment mixtes par fusion de certains caractères : il semble bien, en effet, qu'il y ait deux sortes d'hérédité, une agrégative et une ségrégative.

Dans une communication récente à l'Académie des Sciences[1], Yves Delage suggère que le mode héréditaire est fonction du degré d'hétérogénéité des chromatines parentales. Aux trois modes essentiels : transmission uniparentale, biparentale égale et biparentale inégale avec prépondérance plus ou moins accentuée de l'un ou de l'autre parent, correspondraient trois modes d'association des chromatines paternelle et maternelle, qui s'expliqueraient par les divers degrés d'hétérogénéité de ces chromatines. Ainsi les chromatines de parents de la même espèce et de la même race, moins hétérogènes évidemment que celles de parents de races et, *a fortiori*, d'espèces différentes, donneraient lieu à une hérédité plus agrégative; et inversement, ces derniers à une hérédité plus ségrégative. En sorte que, d'après cette théorie, les hybrides seraient moins fondus et moins stables que les métis. Moins stables peut-être, moins fondus, non ; jamais, répétons-le, on n'a vu un hybride ressembler exclusivement à l'un de ses géniteurs, il leur est toujours intermédiaire, et c'est un amalgame plutôt qu'une mosaïque. Au contraire, les produits d'une union de race pure sont les plus dissemblables relativement; les uns tiennent tous leurs caractères de leur père, les autres tous leurs caractères de leur mère, d'autres quelques caractères de chacun d'eux à côté de caractères personnels, d'autres enfin n'ont que des caractères personnels. On conçoit *a priori* que la transmission des caractères individuels, récemment acquis, soit particulièrement aléatoire et que ces caractères aient plus de tendance à se juxtaposer qu'à se fondre. Il en est de même pour les caractères variétaux; les uns et les autres sont superficiels et soumis à l'hérédité mendé-

[1] *C. R. A. S.*, 6 janvier 1919. Yves Delage, *Suggestion sur la nature et les causes de l'hérédité ségrégative* (caractères mendéliens) *et de l'hérédité agrégative* (caractères non mendéliens).

lienne. Les caractères les plus sûrement transmissibles sont à coup sûr les plus anciens. C'est pourquoi, sans doute, dans le croisement des espèces, les produits sont toujours mixtes. Mais ce mélange hétérogène ne semble pas bien intime, car il se dissocie facilement dans les générations suivantes. Ainsi, bien que fusionnés en apparence, deux caractères paternel et maternel peuvent donner lieu à une hérédité ségrégative. Par exemple, on peut obtenir du croisement d'une race galline à plumage noir avec une autre à plumage blanc, des métis à plumage bleu, dont les descendants reviennent progressivement soit au noir, soit au blanc, comme si ces caractères avaient été simplement superposés dans les métis de premier sang. Une pareille dissociation ne semble-t-elle pas se produire chez certains individus qui, au cours de leur vie ressemblent successivement à plusieurs de leurs ascendants, les caractères de l'un s'effaçant en quelque sorte pour découvrir ceux de l'autre.

Le fait que nous venons de rappeler, constaté sur des volailles d'Andalousie, n'est pas conforme à la loi de Mendel: en effet, entre deux caractères mendéliens qui s'opposent, il est de règle que l'un domine l'autre et l'efface chez les métis de première génération ; le caractère dominé ou récessif n'apparaît que dans les générations suivantes par suite d'une ségrégation progressive. C'est ainsi que, en croisant des souris colorées avec des souris albinos, les métis de premier sang sont tous colorés, et que, en croisant des pavots à pétales tachés de noir à la base avec des pavots à pétales tachés de blanc, on obtient d'abord exclusivement des pavots à pétales tachés de noir, car le caractère résultant du pigment domine le caractère dû à l'absence de pigment et l'annihile temporairement. Au contraire, dans le cas qui vient d'être cité de volailles à plumage noir croisées avec des volailles à plumage blanc et donnant des métis bleus, les deux caractères opposés se sont amalgamés en un caractère intermédiaire et ont ensuite repris leur indépendance chez les descendants.

Les choses se passent de la même manière chez les hybrides, qui, lorsqu'ils sont fertiles, font rapidement retour aux espèces mères. Toutefois, on en cite quelques-uns dans le règne végétal, dont les caractères mixtes se sont stabilisés de manière à constituer de véritables espèces intermédiaires, par exemple : *medicago media* provenant du croisement de *medicago sativa* avec *medicago falcata*, deux espèces d'œnothères obtenus par de Vries en croisant *œnothera biennis* avec *œnothera Lamarckiana*. Mais ce sont là des exceptions tellement rares et si peu contrôlées, que l'on peut pratiquement en faire abstraction.

Insistons sur ce fait que la dissociation des caractères spécifiques dans les produits des hybrides ne suit pas la loi de Mendel. Celle-ci ne paraît applicable qu'aux caractères variétaux. « On peut considérer comme variétés d'une même espèce, dit Blaringhem, les lignées pures et distinctes qui donnent, par leur croisement entre elles, une descendance dont les disjonctions sont régies par les lois de Mendel. »

Les caractères mendéliens sont des caractères superficiels, et plutôt qualitatifs que quantitatifs, qui s'opposent par couple de l'un à l'autre géniteur, par exemple la peau noire à la peau blanche, la huppe à la crête, la présence de cornes à l'absence de cornes, etc. Dans chaque couple, il y a un caractère dominant et un caractère récessif. C'est ainsi que la peau pigmentée prime la peau ladre, et qu'à la première génération le croisement de souris grises avec des souris blanches ne donne que des souris grises, la dissociation s'effectuant dans les générations suivantes. Si les mulâtres sont d'une nuance intermédiaire entre les nègres et les blancs, cela tient vraisemblablement à ce que, hormis le cas d'albinisme, ceux-ci ont la peau plus ou moins pigmentée ;

en sorte qu'il n'y a pas là deux caractères opposés, l'un positif, l'autre négatif, mais seulement deux degrés d'un même caractère quantitatif. Le résultat serait sans doute différent s'il y avait une race humaine albinos et que l'on en croisât un homme avec une négresse, ou inversement, car on serait alors en présence de caractères qualitatifs et, par conséquent, ségrégatifs.

En définitive, le mendélisme qui devait résoudre tous les problèmes d'hérédité dans les croisements n'est pas, tant s'en faut, d'une application générale. Yves Delage en a prévu la chute prochaine qu'il comparait d'avance à celle du weismannisme.

A côté des hérédités ségrégatives qui, d'ailleurs, ne suivent pas toujours les lois de Mendel, il y a des hérédités agrégatives. Les premières conservent les caractères et assurent la permanence des types, les secondes les combinent et donnent naissance à des caractères intermédiaires, essentiellement fluctuants. Le conflit des hérédités est, d'autre part, susceptible de réveiller l'atavisme et de déclencher des mutations.

Ainsi, il est vraiment impossible de rien prévoir avec quelque certitude. Tout est possible, rien n'est certain, disait Yves Delage.

CONCLUSIONS GÉNÉRALES

Arrivé à la fin de ce travail qui est une sorte de revue générale de la question de l'hybridité, en même temps qu'une contribution à son élucidation, nous allons en résumer les données essentielles et les tendances en un petit nombre de propositions.

Les hybrides ne doivent pas être confondus avec les métis : distinction qui implique la définition de l'espèce.

Les espèces ne sont pas de pures fictions. Si elles ont évolué dans le cours des âges géologiques, elles se perpétuent à peu près telles quelles depuis l'époque pléistocène.

Leur caractéristique essentielle est de se maintenir isolées et indépendantes, c'est-à-dire de ne pas s'hybrider.

L'hybridité est, conformément à l'étymologie du mot, un viol de la nature, une anomalie qui se produit par accident ou artifice.

Les arbres généalogiques, dits phylogénétiques, dont les espèces actuelles représentent les derniers rameaux, ne comportent pas d'anastomoses, non plus que les arbres réels de nos bois et de nos vergers. Les possibilités d'hybridation sont de même ordre que celles de la greffe entre végétaux, c'est-à-dire très restreintes ; elles impliquent certaines affinités qu'il n'est pas toujours aisé de prévoir.

Il ne faut pas confondre la possibilité de l'accouplement avec celle de l'hybridation. On voit parfois des animaux très disparates, appartenant à des familles, ordre ou classes différents, contracter l'union sexuelle, par exemple, l'étalon et la vache, le taureau et la jument, le taureau et l'ânesse, le chat et la lapine, le coq et la cane, le canard et la poule, voire même le lapin et la poule, le chien et la poule, le chien et l'oie, etc. Mais ces sortes d'unions sont toujours stériles. Elles ont toutefois donné le change et accrédité dans l'opinion publique nombre d'hybrides chimériques, témoin le fameux jumart.

La crédulité en cette matière est si grande que les savants eux-mêmes n'ont pas toujours su s'en défendre. Bourgelat n'a-t-il pas écrit qu'il croyait au jumart comme à sa propre existence, qu'il en avait vu et disséqué !

Si l'on passait au crible d'une critique sévère tous les hybrides encore admis de nos jours, il n'est pas douteux que beaucoup rentreraient dans le néant. Les chabins et les léporides pourraient bien être de ce nombre, puisque nous avons démontré avec feu Cornevin que les premiers ne sont anatomiquement que des moutons, et les seconds, des lapins. Leur fameuse eugénésie, que l'on a si souvent invoquée contre le critère physiologique de l'espèce, perd de ce fait toute signification.

Il faut aussi se méfier des prétendues hybridations que certains expérimentateurs de fécondations artificielles disent avoir obtenues entre espèces éloignées de poissons, d'échinodermes, de mollusques, voire même entre échinodermes et mollusques, échinodermes et vers, etc. Le commencement de développement qu'ils ont provoqué n'est rien autre que de la parthénogénèse artificielle; le sperme n'a agi que chimiquement, comme l'aurait fait tout autre liquide organique d'espèce étrangère.

Certes, il existe d'assez nombreux hybrides, parfaitement authentiques; il en est même qui sont exploités industriellement depuis un temps immémorial comme le mulet. Ces êtres n'en sont pas moins des accidents dans la nature, et, dans le règne animal, nous n'en connaissons aucun exemple qui ait fait souche d'une espèce nouvelle. On peut répéter aujourd'hui ce qu'écrivait il y a bien longtemps Duvernoy dans son article « Propagation », du *Dictionnaire d'Orbigny :* « Aucune observation bien positive et incontestable, parmi les animaux, n'a démontré jusqu'à présent que des espèces différentes, libres et abandonnées à leur instinct, se mêlassent dans la nature et qu'il naquît de ces mélanges des espèces hybrides pouvant se propager avec leurs caractères distinctifs et produire une succession de générations fécondes comme les espèces dont elles sont originaires ». C'est là, comme dit de Quatrefages, un de ces faits généraux que nous appelons une loi [1].

[1] De Quatrefages, *l'Espèce humaine.*

En effet, les hybrides sont stériles, ou, s'ils sont féconds, ils font retour aux espèces mères, d'autant plus rapidement que leur fécondité est ordinairement restreinte aux femelles, qui ne peuvent dès lors reproduire qu'avec un mâle de la souche paternelle ou maternelle. La fécondité bilatérale est rare et ce n'est pas une véritable eugénésie, puisqu'elle n'a jamais abouti à perpétuer la race. Quand il s'agit d'hybrides, il faut parler de degrés de stérilité, plutôt que de degrés de fécondité.

Chose curieuse, les organes et attributs sexuels, ainsi que les ardeurs génésiques, sont souvent aussi développés chez eux que chez les individus d'espèce pure, grâce au fonctionnement normal de la glande interstitielle du testicule ou de l'ovaire.

Quant à la répartition des caractères paternels et maternels chez les hybrides, elle est variable et très insuffisamment connue dans la plupart d'entre eux. Tout ce que l'on peut dire de général, c'est qu'ils participent des uns et des autres et que leur ressemblance n'est jamais unilatérale comme cela s'observe souvent dans les produits de race pure. Il y a certainement une grande part de vérité dans cette formule de Le Dantec : « Les produits d'un croisement, quel qu'il soit, sont d'autant plus homogènes que les types croisés sont plus hétérogènes. »

C'est ainsi que les hybrides sont plus fondus que les métis et ceux-ci plus que les sujets de race pure. Plus les caractères sont superficiels ou récents, plus leur transmission est aléatoire, et moins ils ont de chances de se combiner, ils se juxtaposent en mosaïque plutôt qu'ils ne s'amalgament.

La combinaison des caractères chez les hybrides n'exclut pas la facilité de leur dissociation chez les descendants, lorsque, par hasard, ils sont doués de fécondité : « Mélange imparfait de deux natures diverses, a dit Flourens, les hybrides tendent sans cesse à se démêler et à revenir à une nature propre et exclusive. »

Il semble que, chez eux, l'hérédité paternelle soit en général prépondérante, surtout en ce qui concerne les organes de la vie de relation et l'idiosyncrasie. Mais cette influence peut être neutralisée par le facteur espèce ou le facteur individualité.

Il y a des raisons de conjecturer que l'espèce la plus ancienne, la plus fixe ou la moins éloignée de l'état de nature, soit dominante, comme l'est, en général, l'espèce type, relativement à ses variétés. C'est ainsi que l'âne prime le cheval, que l'animal sauvage prime l'animal apprivoisé ou domestiqué, que les instincts les plus caractérisés ou les plus violents ont le plus de chances de s'affirmer.

Il est des individus, qualifiés de bons raceurs, qui, dans une espèce ou un sexe quelconque, priment presque toujours leurs conjoints pour la transmission de leurs caractères.

En présence de tous ces facteurs plus ou moins faciles à démêler et susceptibles de se contrebalancer, il est vraiment impossible de prévoir la répartition des caractères paternels et maternels dans une hybridation, quelle qu'elle soit. Elle échappe d'ailleurs aux lois de Mendel qui ne paraissent guère s'appliquer qu'aux caractères variétaux, c'est-à-dire superficiels et qualitatifs.

En résumé, la conclusion ultime à tirer de ce long mémoire est que l'on sait peu de chose relativement à ce qu'il faudrait savoir sur cette importante question de l'hybridation, même restreinte au règne animal.

Il y aurait lieu de la reprendre *ab ovo* par des moyens et suivant une méthode plus scientifiques que ceux dont on s'est servi jusqu'à ce jour. Il faudrait déterminer quelles sont les espèces susceptibles ou non de s'hybrider et dans quelles conditions; quels sont les caractères extérieurs et anatomiques des hybrides de chaque sorte, déduits d'un nombre suffisant d'observations sur des individus des deux sexes; quelle est, dans chaque cas, l'influence de l'interversion des facteurs paternel et maternel; quel est le degré de stérilité des produits, en éliminant autant que possible les influences de la captivité ou de la consanguinité; voir s'il en est de féconds *inter se* et assez stables pour faire souche d'espèces nouvelles, comme on prétend qu'il en existe dans le règne végétal, etc.

Un programme aussi vaste ne peut être réalisé qu'à la condition de disposer d'un long temps, de beaucoup d'argent et de vastes espaces convenablement aménagés. Souhaitons que les parcs et Jardins zoologiques, les Muséums d'histoire naturelle se concertent pour l'entreprendre.

De la réalisation de ce vœu, émis déjà par Maupertuis, puis par Chevreul, dépend l'élucidation d'une des questions les plus importantes, les plus passionnantes de l'histoire naturelle, celle de l'espèce [1].

[1] A consulter pour supplément de documentation ou de références bibliographiques : Broca, *loc. cit.* — Suchetet, *les Hybrides à l'état sauvage*, 1896; Problèmes hybridologiques *(Journal de l'Anatomie*, 1897). — Mathias Duval, l'Hybridité *(Revue scientifique*, 1884, t. I). — Baillet, les Hybridations considérées dans leurs rapports avec la zootechnie *(Mém. de l'Acad. des sciences, inscrip. et belles-lettres de Toulouse*, 1897).

Lyon. — Imprimerie A. Rey, 4, rue Gentil. — 83664

www.ingramcontent.com/pod-product-compliance
Ingram Content Group UK Ltd.
Pitfield, Milton Keynes, MK11 3LW, UK
UKHW021119260726
13994UKWH00002B/936

9 782329 041216